기적의 계산법

초등 3학년

6권

기적의 계산법 · 6권

초판 발행 2021년 12월 20일
초판 9쇄 2024년 7월 26일

지은이 기적학습연구소
발행인 이종원
발행처 길벗스쿨
출판사 등록일 2006년 7월 1일
주소 서울시 마포구 월드컵로 10길 56(서교동)
대표 전화 02)332-0931 | **팩스** 02)333-5409
홈페이지 school.gilbut.co.kr | **이메일** gilbut@gilbut.co.kr

기획 이선정(dinga@gilbut.co.kr) | **편집진행** 홍현경, 이선정
제작 이준호, 손일순, 이진혁 | **영업마케팅** 문세연, 박선경, 박다슬 | **웹마케팅** 박달님, 이재윤, 이지수, 나혜연
영업관리 김명자, 정경화 | **독자지원** 윤정아
디자인 정보라 | **표지 일러스트** 김다예 | **본문 일러스트** 김지하
전산편집 글사랑 | **CTP 출력·인쇄·제본** 예림인쇄

▶ 본 도서는 '절취선 형성을 위한 제본용 접지 장치(Folding apparatus for bookbinding)' 기술 적용도서입니다.
특허 제10-2301169호
▶ 잘못 만든 책은 구입한 서점에서 바꿔 드립니다.

ISBN 979-11-6406-403-8 64410
(길벗 도서번호 10814)

정가 9,000원

연산, 왜 해야 하나요?

"계산은 계산기가 하면 되지,
다 아는데 이 지겨운 걸 계속 풀어야 해?"
아이들은 자주 이렇게 말해요. 연산 훈련, 꼭 시켜야 할까요?

1. 초등수학의 80%, 연산

초등수학의 5개 영역 중에서 가장 많은 부분을 차지하는 것이 바로 수와 연산입니다. 절반 정도를 차지하고 있어요.
그런데 곰곰이 생각해 보면 도형, 측정 영역에서 길이의 덧셈과 뺄셈, 시간의 합과 차, 도형의 둘레와 넓이처럼
다른 영역의 문제를 풀 때도 마지막에는 연산 과정이 있죠.
이때 연산이 충분히 훈련되지 않으면 문제를 끝까지 해결하기 어려워집니다.
초등학교 수학의 핵심은 연산입니다. 연산을 잘하면 수학이 재미있어지고 점점 자신감이 붙어서 수학을 잘할 수 있어요.
연산 훈련으로 아이의 '수학자신감'을 키워주세요.

2. 아깝게 틀리는 이유, 계산 실수 때문에! 시험 시간이 부족한 이유, 계산이 느려서!

1, 2학년의 연산은 눈으로도 풀 수 있는 문제가 많아요. 하지만 고학년이 될수록 연산은 점점 복잡해지고,
한 문제를 풀기 위해 거쳐야 하는 연산 횟수도 훨씬 많아집니다. 중간에 한 번만 실수해도 문제를 틀리게 되죠.
아이가 작은 연산 실수로 문제를 틀리는 것만큼 안타까울 때가 또 있을까요?
어려운 글도 잘 이해했고, 식도 잘 세웠는데 아주 작은 실수로 문제를 틀리면 엄마도 속상하고, 아이는 더 속상하죠.
게다가 고학년일수록 수학이 더 어려워지기 때문에 계산하는 데 시간이 오래 걸리면 정작 문제를 풀 시간이 부족하고,
급한 마음에 실수도 종종 생깁니다.
가볍게 생각하고 그대로 방치하면 중·고등학생이 되었을 때 이 부분이 수학 공부에 치명적인 약점이 될 수 있어요.
공부할 내용은 늘고 시험 시간은 줄어드는데, 절차가 많고 복잡한 문제를 해결할 시간까지 모자랄 수 있으니까요.
연산은 쉽더라도 정확하게 푸는 반복 훈련이 꼭 필요해요. 처음 배울 때부터 차근차근 실력을 다져야 합니다.
처음에는 느릴 수 있어요. 이제 막 배운 내용이거나 어려운 연산은 손에 익히는 데까지 시간이 필요하지만,
정확하게 푸는 연습을 꾸준히 하면 문제를 푸는 속도는 자연스럽게 빨라집니다.
꾸준한 반복 학습으로 연산의 '정확성'과 '속도' 두 마리 토끼를 모두 잡으세요.

연산, 이렇게 공부하세요.

연산을 왜 해야 하는지는 알겠는데, 어떻게 시작해야 할지 고민되시나요?
연산 훈련을 위한 다섯 가지 방법을 알려 드릴게요.

1 매일 같은 시간, 같은 양을 학습하세요.

공부 습관을 만들 때는 학습 부담을 줄이고 최소한의 시간으로 작게 목표를 잡아서 지금 할 수 있는 것부터 시작하는 것이 좋습니다. 이때 제격인 것이 바로 연산 훈련입니다. '얼마나 많은 양을 공부하는가'보다 '얼마나 꾸준히 했느냐'가 연산 능력을 키우는 가장 중요한 열쇠거든요.
매일 같은 시간, 하루에 10분씩 가벼운 마음으로 연산 문제를 풀어 보세요. 등교 전이나 하교 후, 저녁 먹은 후에 해도 좋아요. 학교 쉬는 시간에 풀 수 있게 책가방 안에 한 장 쏙 넣어줄 수도 있죠. 중요한 것은 매일, 같은 시간, 같은 양으로 아이만의 공부 루틴을 만드는 것입니다. 메인 학습 전에 워밍업으로 활용하면 짧은 시간 몰입하는 집중력이 강화되어 공부 부스터의 역할을 할 수도 있어요.
아이가 자라고, 점점 공부할 양이 늘어나면 가장 중요한 것이 바로 매일 공부하는 습관을 만드는 일입니다. 어릴 때부터 계획하고 실행하는 습관을 만들면 작은 성취감과 자신감이 쌓이면서 다른 일도 해낼 수 있는 내공이 생겨요.

토독, 한 장씩 가볍게!

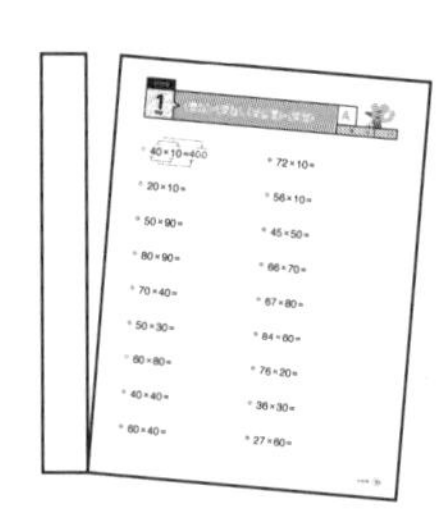

한 장과 한 권은 아이가 체감하는
부담이 달라요. 학습량에 대한
부담감이 줄어들면 아이의 공부 습관을
더 쉽게 만들 수 있어요.

2 반복 학습으로 '정확성'부터 '속도'까지 모두 잡아요.

피아노 연주를 배운다고 생각해 보세요. 처음부터 한 곡을 아름답게 연주할 수 있나요? 악보를 읽고, 건반을 하나하나 누르는 게 가능해도 각 음을 박자에 맞춰 정확하고 리듬감 있게 멜로디로 연주하려면 여러 번 반복해서 연습하는 과정이 꼭 필요합니다.
수학도 똑같아요. 개념을 알고 문제를 이해할 수 있어도 계산은 꼭 반복해서 훈련해야 합니다. 수나 식을 계산하는 데 시간이 걸리면 문제를 풀 시간이 모자라게 되고, 어려운 풀이 과정을 다 세워놓고도 마지막 단순 계산에서 실수를 하게 될 수도 있어요. 계산 방법을 몰라서 틀리는 게 아니라 절차 수행이 능숙하지 않아서 오작동을 일으키거나 시간이 오래 걸리는 거랍니다. 꾸준하게 같은 난이도의 문제를 충분히 반복하면 실수가 줄어들고, 점점 빠르게 계산할 수 있어요. 정확성과 속도를 높이는 데 중점을 두고 연산 훈련을 해서 수학의 기초를 튼튼하게 다지세요.

One Day 반복 설계

하루 1장, 2가지 유형
동일 난이도로 5일 반복

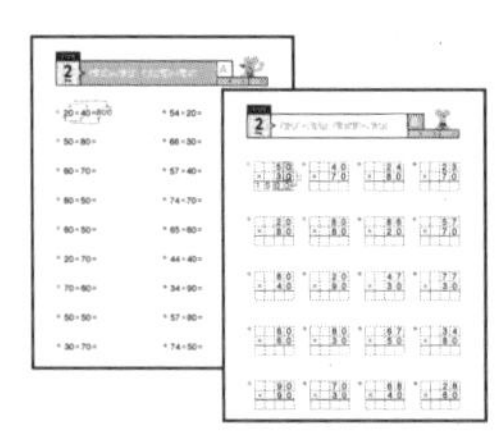

×5

3 반복은 아이 성향과 상황에 맞게 조절하세요.

연산 학습에 반복은 꼭 필요하지만, 아이가 지치고 수학을 싫어하게 만들 정도라면 반복하는 루틴을 조절해 보세요. 아이가 충분히 잘 알고 잘하는 주제라면 반복의 양을 줄일 수도 있고, 매일이 너무 바쁘다면 3일은 연산, 2일은 독해로 과목을 다르게 공부할 수도 있어요. 다만 남은 일차는 계산 실수가 잦을 때 다시 풀어보기로 아이와 약속해 두는 것이 좋아요.
아이의 성향과 현재 상황을 잘 살펴서 융통성 있게 반복하는 '내 아이 맞춤 패턴'을 만들어 보세요.

계산법 맞춤 패턴 만들기

1. 단계별로 3일치만 풀기
3일씩만 풀고, 남은 2일치는 시험 대비나 복습용으로 쓰세요.

2. 2단계씩 묶어서 반복하기
1, 2단계를 3일치씩 풀고 다시 1단계로 돌아가 남은 2일치를 풀어요. 교차학습은 지식을 좀더 오래 기억할 수 있도록 하죠.

4 응용 문제를 풀 때 필요한 연산까지 연습하세요.

연산 훈련을 충분히 하더라도 실제로 학교 시험에 나오는 문제를 보면 당황할 수 있어요. 아이들은 문제의 꼴이 조금만 달라져도 지레 겁을 냅니다.
특히 모르는 수를 □로 놓고 식을 세워야 하는 문장제가 학교 시험에 나오면 아이들은 당황하기 시작하죠. 아이 입장에서 기초 연산으로 해결할 수 없는 □ 자체가 낯설고 어떻게 풀어야 할지 고민될 수 있습니다.
이럴 때는 식 4+□=7을 7-4=□로 바꾸는 것에 익숙해지는 연습해 보세요. 학교에서 알려주지 않지만 응용 문제에는 꼭 필요한 □가 있는 식을 훈련하면 연산에서 응용까지 쉽게 연결할 수 있어요. 스스로 세수를 하고 싶지만 세면대가 너무 높은 아이를 위해 작은 계단을 놓아준다고 생각하세요.

초등 방정식 훈련

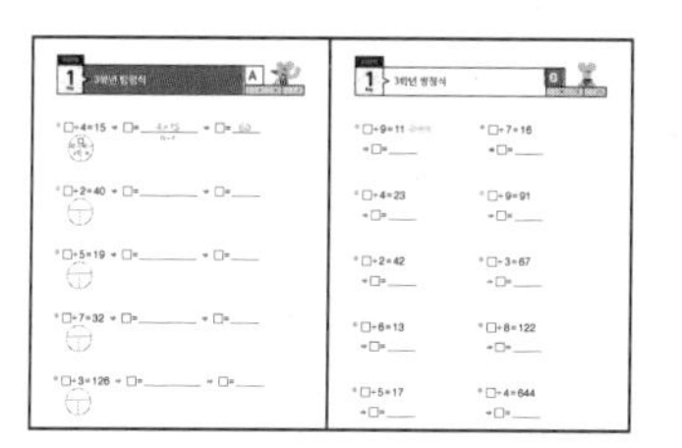

초등학생 눈높이에 맞는 □가 있는 식 바꾸기 훈련으로 한 권을 마무리하세요. 문장제처럼 다양한 연산 활용 문제를 푸는 밑바탕을 만들 수 있어요.

5 아이 스스로 계획하고, 실천해서 자기공부력을 쑥쑥 키워요.

백 명의 아이들은 제각기 백 가지 색깔을 지니고 있어요. 아이가 승부욕이 있다면 시간 재기를, 계획 세우는 것을 좋아한다면 스스로 약속을 할 수 있게 돕는 것도 좋아요. 아이와 많은 이야기를 나누면서 공부가 잘되는 시간, 환경, 동기 부여 방법 등을 살펴보고 주도적으로 실천할 수 있는 분위기를 만드는 것이 중요합니다.
아이 스스로 계획하고 실천하면 오늘 약속한 것을 모두 끝냈다는 작은 성취감을 가질 수 있어요. 자기 공부에 대한 책임감도 생깁니다. 자신만의 공부 스타일을 찾고, 주도적으로 실천해야 자기공부력을 키울 수 있어요.

나만의 학습 기록표

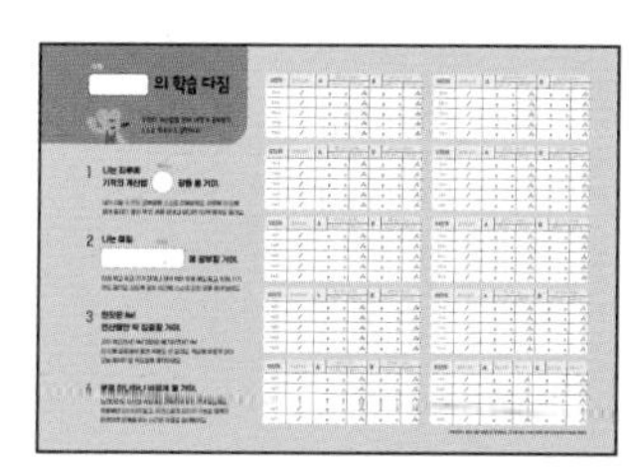

잘 보이는 곳에 붙여놓고 주도적으로 실천해요. 어제보다, 지난주보다, 지난달보다 나아진 실력을 보면서 뿌듯함을 느껴보세요!

권별 학습 구성

〈기적의 계산법〉은 유아 단계부터 초등 6학년까지로 구성된 연산 프로그램 교재입니다.
권별, 단계별 내용을 한눈에 확인하고,
유아부터 초등까지 〈기적의 계산법〉으로 공부하세요.

구분	권	내용	권	내용
유아 5~7세	P1권	10까지의 구조적 수 세기	P4권	100까지의 구조적 수 세기
	P2권	5까지의 덧셈과 뺄셈	P5권	10의 덧셈과 뺄셈
	P3권	10보다 작은 덧셈과 뺄셈	P6권	10보다 큰 덧셈과 뺄셈

초1

1권	자연수의 덧셈과 뺄셈 초급	2권	자연수의 덧셈과 뺄셈 중급
1단계	수를 가르고 모으기	11단계	10을 가르고 모으기, 10의 덧셈과 뺄셈
2단계	합이 9까지인 덧셈	12단계	연이은 덧셈, 뺄셈
3단계	차가 9까지인 뺄셈	13단계	받아올림이 있는 (몇)+(몇)
4단계	합과 차가 9까지인 덧셈과 뺄셈 종합	14단계	받아내림이 있는 (십몇)-(몇)
5단계	연이은 덧셈, 뺄셈	15단계	받아올림/받아내림이 있는 덧셈과 뺄셈 종합
6단계	(몇십)+(몇), (몇)+(몇십)	16단계	(두 자리 수)+(한 자리 수)
7단계	(몇십몇)+(몇), (몇십몇)-(몇)	17단계	(두 자리 수)-(한 자리 수)
8단계	(몇십)+(몇십), (몇십)-(몇십)	18단계	두 자리 수와 한 자리 수의 덧셈과 뺄셈 종합
9단계	(몇십몇)+(몇십몇), (몇십몇)-(몇십몇)	19단계	덧셈과 뺄셈의 혼합 계산
10단계	1학년 방정식	20단계	1학년 방정식

초2

3권	자연수의 덧셈과 뺄셈 중급 구구단 초급	4권	구구단 중급 자연수의 덧셈과 뺄셈 고급
21단계	(두 자리 수)+(두 자리 수)	31단계	구구단 종합 ①
22단계	(두 자리 수)-(두 자리 수)	32단계	구구단 종합 ②
23단계	두 자리 수의 덧셈과 뺄셈 종합 ①	33단계	(세 자리 수)+(세 자리 수) ①
24단계	두 자리 수의 덧셈과 뺄셈 종합 ②	34단계	(세 자리 수)+(세 자리 수) ②
25단계	같은 수를 여러 번 더하기	35단계	(세 자리 수)-(세 자리 수) ①
26단계	구구단 2, 5, 3, 4단 ①	36단계	(세 자리 수)-(세 자리 수) ②
27단계	구구단 2, 5, 3, 4단 ②	37단계	(세 자리 수)-(세 자리 수) ③
28단계	구구단 6, 7, 8, 9단 ①	38단계	세 자리 수의 덧셈과 뺄셈 종합 ①
29단계	구구단 6, 7, 8, 9단 ②	39단계	세 자리 수의 덧셈과 뺄셈 종합 ②
30단계	2학년 방정식	40단계	2학년 방정식

초3

5권 자연수의 곱셈과 나눗셈 초급

41단계	(두 자리 수)×(한 자리 수) ①
42단계	(두 자리 수)×(한 자리 수) ②
43단계	(두 자리 수)×(한 자리 수) ③
44단계	(세 자리 수)×(한 자리 수) ①
45단계	(세 자리 수)×(한 자리 수) ②
46단계	곱셈 종합
47단계	나눗셈 기초
48단계	구구단 범위에서의 나눗셈 ①
49단계	구구단 범위에서의 나눗셈 ②
50단계	3학년 방정식

6권 자연수의 곱셈과 나눗셈 중급

51단계	(몇십)×(몇십), (몇십몇)×(몇십)
52단계	(두 자리 수)×(두 자리 수) ①
53단계	(두 자리 수)×(두 자리 수) ②
54단계	(몇십)÷(몇), (몇백몇십)÷(몇)
55단계	(두 자리 수)÷(한 자리 수) ①
56단계	(두 자리 수)÷(한 자리 수) ②
57단계	(두 자리 수)÷(한 자리 수) ③
58단계	(세 자리 수)÷(한 자리 수) ①
59단계	(세 자리 수)÷(한 자리 수) ②
60단계	3학년 방정식

초4

7권 자연수의 곱셈과 나눗셈 고급

61단계	몇십, 몇백 곱하기
62단계	(세 자리 수)×(몇십)
63단계	(세 자리 수)×(두 자리 수)
64단계	몇십으로 나누기
65단계	(세 자리 수)÷(몇십)
66단계	(두 자리 수)÷(두 자리 수)
67단계	(세 자리 수)÷(두 자리 수) ①
68단계	(세 자리 수)÷(두 자리 수) ②
69단계	곱셈과 나눗셈 종합
70단계	4학년 방정식

8권 분수, 소수의 덧셈과 뺄셈 중급

71단계	대분수를 가분수로, 가분수를 대분수로 나타내기
72단계	분모가 같은 진분수의 덧셈과 뺄셈
73단계	분모가 같은 대분수의 덧셈과 뺄셈
74단계	분모가 같은 분수의 덧셈
75단계	분모가 같은 분수의 뺄셈
76단계	분모가 같은 분수의 덧셈과 뺄셈 종합
77단계	자릿수가 같은 소수의 덧셈과 뺄셈
78단계	자릿수가 다른 소수의 덧셈
79단계	자릿수가 다른 소수의 뺄셈
80단계	4학년 방정식

초5

9권 분수의 덧셈과 뺄셈 고급

81단계	약수와 공약수, 배수와 공배수
82단계	최대공약수와 최소공배수
83단계	공약수와 최대공약수, 공배수와 최소공배수의 관계
84단계	약분
85단계	통분
86단계	분모가 다른 진분수의 덧셈과 뺄셈
87단계	분모가 다른 대분수의 덧셈과 뺄셈 ①
88단계	분모가 다른 대분수의 덧셈과 뺄셈 ②
89단계	분모가 다른 분수의 덧셈과 뺄셈 종합
90단계	5학년 방정식

10권 혼합 계산
분수, 소수의 곱셈 중급

91단계	덧셈과 뺄셈, 곱셈과 나눗셈의 혼합 계산
92단계	덧셈, 뺄셈, 곱셈의 혼합 계산
93단계	덧셈, 뺄셈, 나눗셈의 혼합 계산
94단계	덧셈, 뺄셈, 곱셈, 나눗셈의 혼합 계산
95단계	(분수)×(자연수), (자연수)×(분수)
96단계	(분수)×(분수) ①
97단계	(분수)×(분수) ②
98단계	(소수)×(자연수), (자연수)×(소수)
99단계	(소수)×(소수)
100단계	5학년 방정식

초6

11권 분수, 소수의 나눗셈 중급

101단계	(자연수)÷(자연수), (분수)÷(자연수)
102단계	분수의 나눗셈 ①
103단계	분수의 나눗셈 ②
104단계	분수의 나눗셈 ③
105단계	(소수)÷(자연수)
106단계	몫이 소수인 (자연수)÷(자연수)
107단계	소수의 나눗셈 ①
108단계	소수의 나눗셈 ②
109단계	소수의 나눗셈 ③
110단계	6학년 방정식

12권 비
중등방정식

111단계	비와 비율
112단계	백분율
113단계	비교하는 양, 기준량 구하기
114단계	가장 간단한 자연수의 비로 나타내기
115단계	비례식
116단계	비례배분
117단계	중학교 방정식 ①
118단계	중학교 방정식 ②
119단계	중학교 방정식 ③
120단계	중학교 혼합 계산

차례

51 단계

(몇십)×(몇십), (몇십몇)×(몇십)

▶ 학습계획 : 매일 공부할 날짜를 정하고, 계획에 맞게 공부하세요.

일차	1일차	2일차	3일차	4일차	5일차
날짜	/	/	/	/	/

▶ 학습연계 : 지금 무엇을 배우는지 확인하고, 이전에 배운 단계와 앞으로 배울 단계를 살펴보세요.

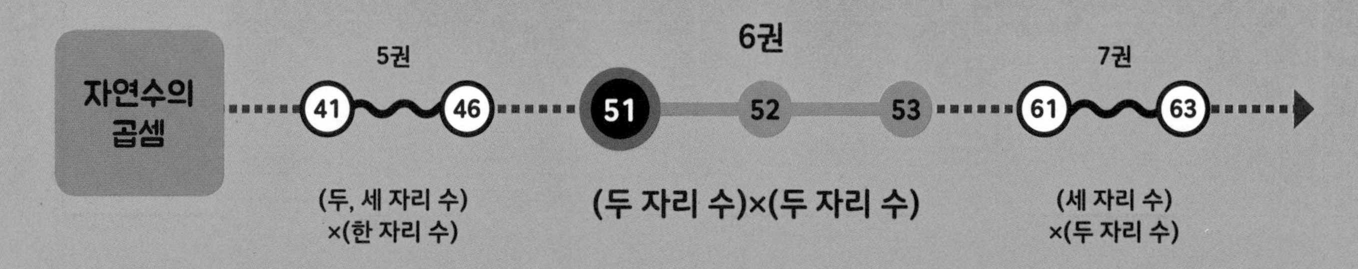

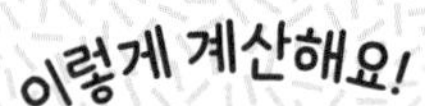

(몇십)×(몇십), (몇십몇)×(몇십)

0만 따로 떼어 계산하면 편리해요.

가로셈 0을 뗀 수끼리 먼저 곱하고, 그 결과에 곱하는 두 수의 0의 개수만큼 0을 붙여요.

세로셈 두 수의 0의 개수만큼 0부터 쓰고, 0을 뗀 수끼리의 곱을 0의 왼쪽에 써요.

$$\begin{array}{r} 80 \\ \times\ 20 \\ \hline 00 \end{array} \Rightarrow \begin{array}{r} 80 \\ \times\ 20 \\ \hline 1600 \end{array} \qquad \begin{array}{r} 83 \\ \times\ 20 \\ \hline 0 \end{array} \Rightarrow \begin{array}{r} 83 \\ \times\ 20 \\ \hline 1660 \end{array}$$

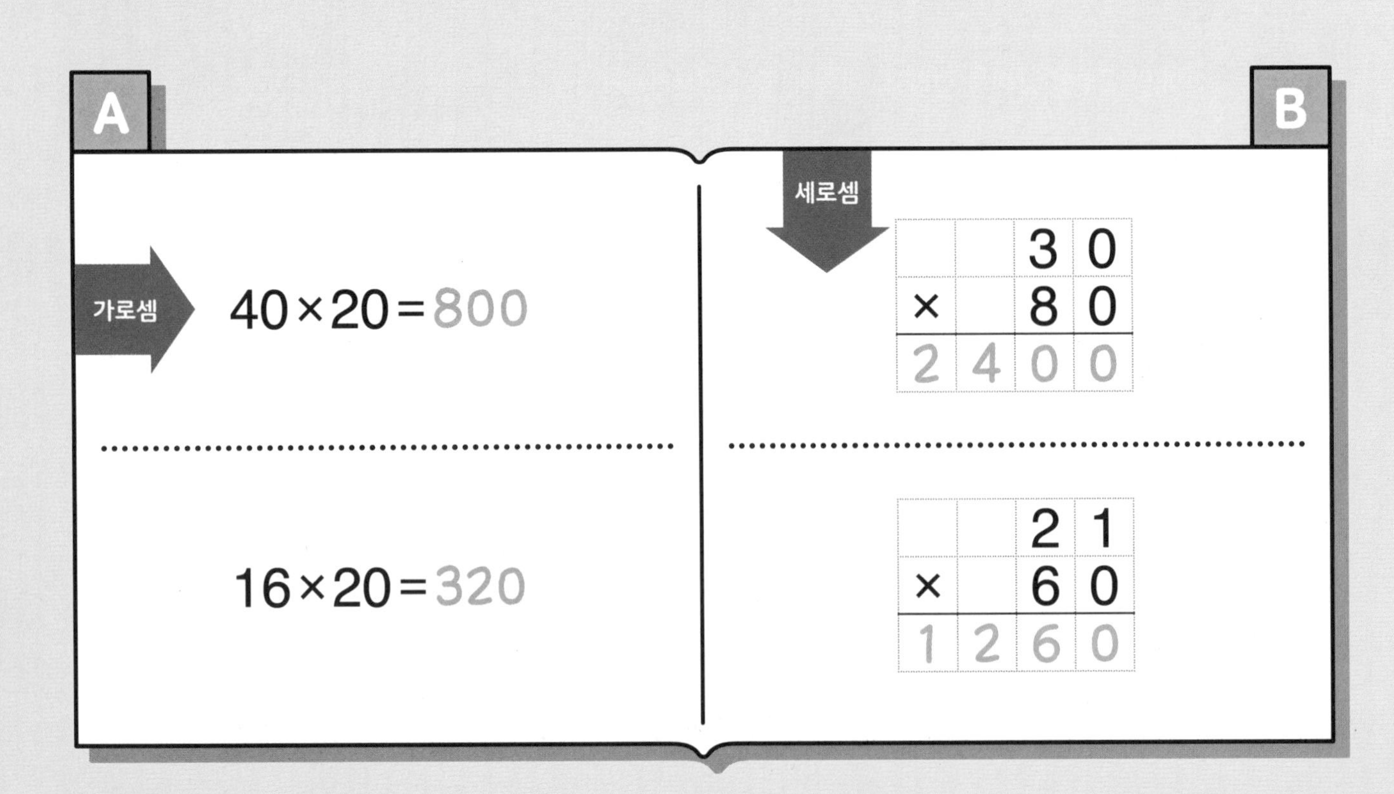

(몇십)×(몇십), (몇십몇)×(몇십)

① $40 \times 10 = 400$ (0이 2개, 4×1)

② $20 \times 10 =$

③ $50 \times 90 =$

④ $80 \times 90 =$

⑤ $70 \times 40 =$

⑥ $50 \times 30 =$

⑦ $60 \times 80 =$

⑧ $40 \times 40 =$

⑨ $60 \times 40 =$

⑩ $72 \times 10 =$

⑪ $56 \times 10 =$

⑫ $45 \times 50 =$

⑬ $19 \times 70 =$

⑭ $67 \times 80 =$

⑮ $84 \times 60 =$

⑯ $76 \times 20 =$

⑰ $36 \times 30 =$

⑱ $27 \times 60 =$

(몇십)×(몇십), (몇십몇)×(몇십)

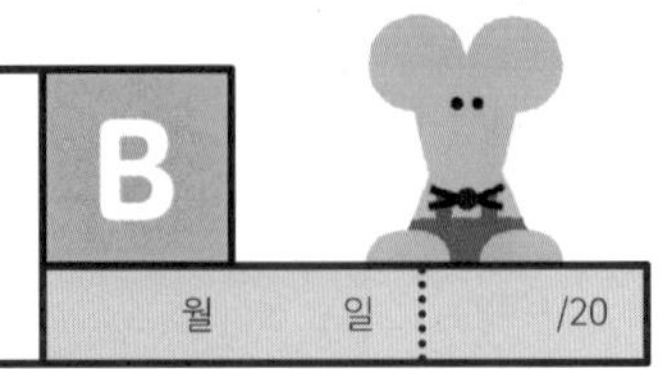

① 20 × 30 = 600 (0이 2개)

② 20 × 50

③ 90 × 30

④ 70 × 60

⑤ 30 × 50

⑥ 50 × 40

⑦ 80 × 30

⑧ 70 × 70

⑨ 70 × 20

⑩ 40 × 90

⑪ 54 × 10

⑫ 76 × 10

⑬ 46 × 50

⑭ 68 × 70

⑮ 26 × 60

⑯ 83 × 50

⑰ 97 × 60

⑱ 69 × 40

⑲ 48 × 30

⑳ 53 × 80

2 Day (몇십)×(몇십), (몇십몇)×(몇십)

A

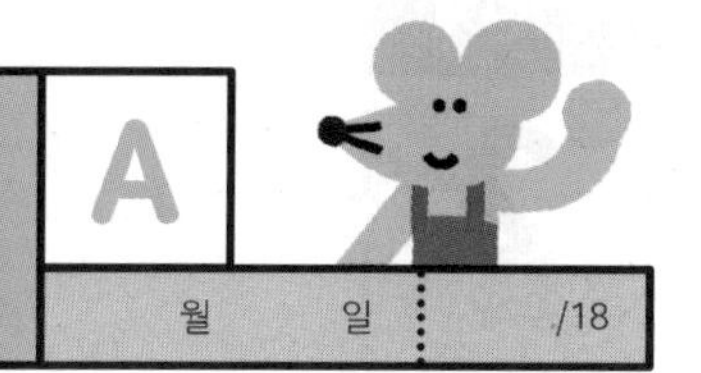

월 일 /18

① 20×40=800 (0이 2개, 2×4)

② 50×70=

③ 60×70=

④ 80×50=

⑤ 60×50=

⑥ 20×70=

⑦ 30×60=

⑧ 50×50=

⑨ 30×70=

⑩ 54×20=

⑪ 66×30=

⑫ 57×40=

⑬ 74×70=

⑭ 65×60=

⑮ 44×40=

⑯ 34×90=

⑰ 57×80=

⑱ 74×50=

51단계 2 Day

(몇십)×(몇십), (몇십몇)×(몇십)

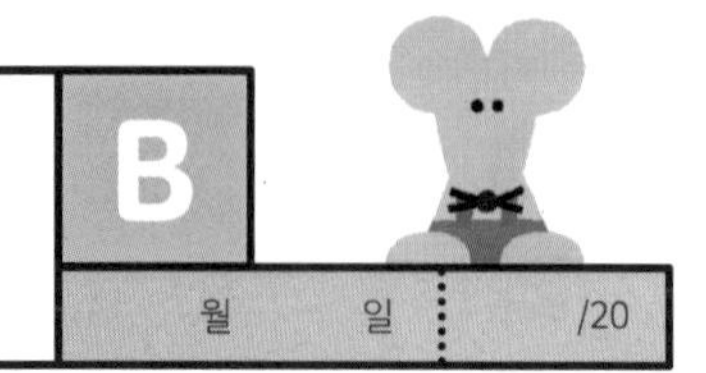

월 일 /20

① $50 \times 30 = 1500$ (0이 2개)

② 20×80

③ 80×40

④ 60×60

⑤ 90×90

⑥ 40×70

⑦ 80×80

⑧ 20×90

⑨ 80×30

⑩ 70×30

⑪ 24×80

⑫ 86×20

⑬ 47×30

⑭ 67×50

⑮ 68×40

⑯ 23×70

⑰ 57×70

⑱ 77×30

⑲ 34×80

⑳ 28×60

3 Day (몇십)×(몇십), (몇십몇)×(몇십)

A

월 일 /18

① 0이 2개
$10\times30=300$
1×3

② $40\times50=$

③ $60\times20=$

④ $30\times40=$

⑤ $90\times60=$

⑥ $70\times80=$

⑦ $10\times70=$

⑧ $90\times40=$

⑨ $90\times80=$

⑩ $72\times50=$

⑪ $84\times50=$

⑫ $87\times40=$

⑬ $18\times80=$

⑭ $77\times50=$

⑮ $39\times30=$

⑯ $26\times80=$

⑰ $52\times70=$

⑱ $93\times40=$

51단계

(몇십)×(몇십), (몇십몇)×(몇십)

월 일 /20

① $80 \times 10 = 800$ (0이 2개)

② 30×30

③ 10×40

④ 50×60

⑤ 50×90

⑥ 70×60

⑦ 90×90

⑧ 80×70

⑨ 60×90

⑩ 70×40

⑪ 14×50

⑫ 37×40

⑬ 58×60

⑭ 75×50

⑮ 38×50

⑯ 35×70

⑰ 55×80

⑱ 27×70

⑲ 99×90

⑳ 18×70

(몇십)×(몇십), (몇십몇)×(몇십)

① $20\times20=400$ (0이 2개, 2×2)

② $50\times30=$

③ $10\times20=$

④ $30\times70=$

⑤ $50\times80=$

⑥ $60\times10=$

⑦ $70\times20=$

⑧ $80\times80=$

⑨ $90\times70=$

⑩ $24\times60=$

⑪ $86\times40=$

⑫ $72\times20=$

⑬ $86\times10=$

⑭ $66\times70=$

⑮ $45\times40=$

⑯ $43\times50=$

⑰ $76\times70=$

⑱ $38\times80=$

(몇십)×(몇십), (몇십몇)×(몇십)

① 70 × 30 = 2100 (0이 2개)

② 50 × 10 =

③ 30 × 40 =

④ 10 × 90 =

⑤ 60 × 40 =

⑥ 50 × 20 =

⑦ 60 × 30 =

⑧ 80 × 20 =

⑨ 40 × 40 =

⑩ 70 × 90 =

⑪ 26 × 40 =

⑫ 38 × 70 =

⑬ 52 × 40 =

⑭ 16 × 50 =

⑮ 81 × 40 =

⑯ 17 × 60 =

⑰ 54 × 80 =

⑱ 61 × 70 =

⑲ 29 × 80 =

⑳ 36 × 50 =

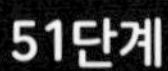

(몇십)×(몇십), (몇십몇)×(몇십)

① $60 \times 10 = 600$ (0이 2개, 6×1)

② $70 \times 80 =$

③ $90 \times 50 =$

④ $70 \times 40 =$

⑤ $60 \times 20 =$

⑥ $30 \times 80 =$

⑦ $20 \times 70 =$

⑧ $80 \times 60 =$

⑨ $30 \times 90 =$

⑩ $45 \times 30 =$

⑪ $16 \times 40 =$

⑫ $29 \times 50 =$

⑬ $11 \times 60 =$

⑭ $58 \times 70 =$

⑮ $46 \times 40 =$

⑯ $39 \times 80 =$

⑰ $65 \times 30 =$

⑱ $33 \times 80 =$

51단계

5 Day (몇십)×(몇십), (몇십몇)×(몇십)

B

월 일 /20

① $90 \times 20 = 1800$ (0이 2개)

② $60 \times 50 =$

③ $40 \times 70 =$

④ $50 \times 70 =$

⑤ $90 \times 80 =$

⑥ $80 \times 30 =$

⑦ $60 \times 90 =$

⑧ $30 \times 70 =$

⑨ $20 \times 80 =$

⑩ $70 \times 60 =$

⑪ $28 \times 80 =$

⑫ $36 \times 60 =$

⑬ $64 \times 60 =$

⑭ $51 \times 20 =$

⑮ $82 \times 50 =$

⑯ $48 \times 10 =$

⑰ $65 \times 40 =$

⑱ $37 \times 50 =$

⑲ $96 \times 30 =$

⑳ $43 \times 70 =$

▶ 학습계획 : 매일 공부할 날짜를 정하고, 계획에 맞게 공부하세요.

일차	1일차	2일차	3일차	4일차	5일차
날짜	/	/	/	/	/

▶ 학습연계 : 지금 무엇을 배우는지 확인하고, 이전에 배운 단계와 앞으로 배울 단계를 살펴보세요.

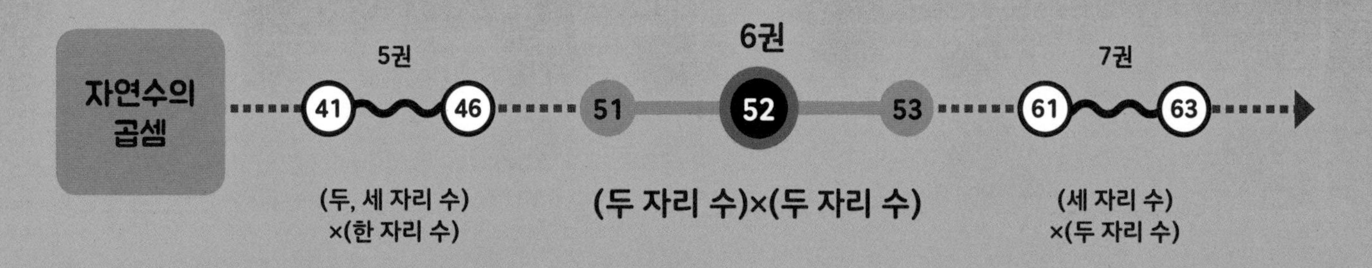

52 (두 자리 수)×(두 자리 수) ❶

곱하는 수 (몇십몇)을 (몇)과 (몇십)으로 나누어 생각해요.

(두 자리 수)×(두 자리 수)는 곱하는 두 자리 수를 '몇'과 '몇십'으로 나누어
(두 자리 수)×(몇)과 (두 자리 수)×(몇십)을 각각 계산한 후 두 곱을 더합니다.
5권 41~43단계 (두 자리 수)×(몇)과 51단계 (두 자리 수)×(몇십)의 계산 방법을
생각하면서 (두 자리 수)×(두 자리 수)를 이해합니다.

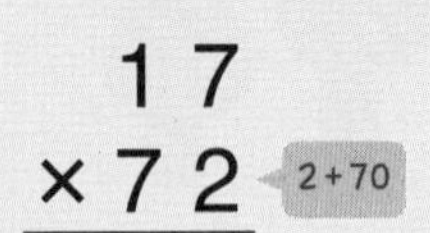

❶ (두 자리 수)×(몇)

		1	7
×		7	2
		3	4
		17×2=34	

❷ (두 자리 수)×(몇십)

		1	7
×		7	2
		3	4
1	1	9	0
17×70=1190			

❸ 두 곱을 더하기

		1	7
×		7	2
		3	4
1	1	9	
1	2	2	4

34+1190=1224

17×70의 곱 1190을 쓸 때 일의 자리에 0을 생략할 수 있어요.

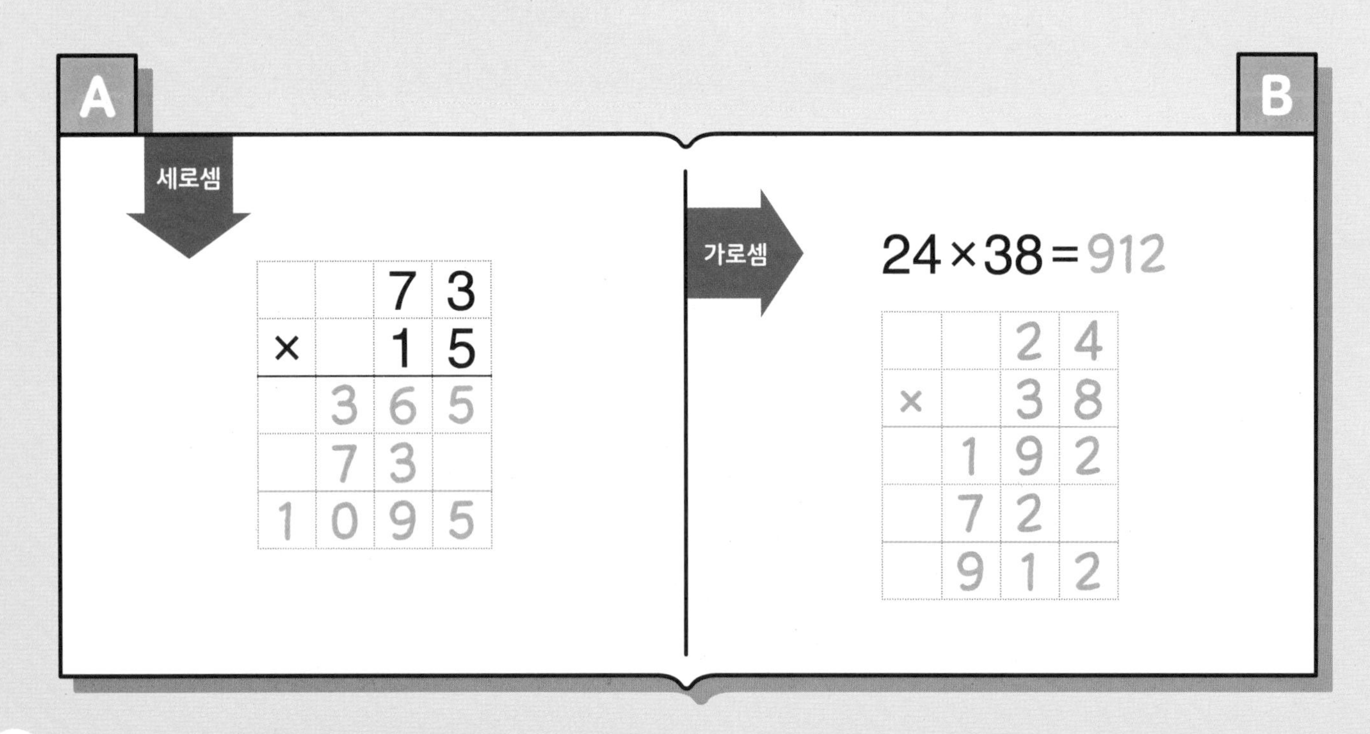

(두 자리 수)×(두 자리 수) ❶

①

			3
×		6	5
		1	5
	1	8	0
	1	9	5

← 3 × 5
← 3 × 60

② 7×52

③ 80×32

④ 90×25

⑤ 39×95

⑥ 31×79

⑦ 26×78

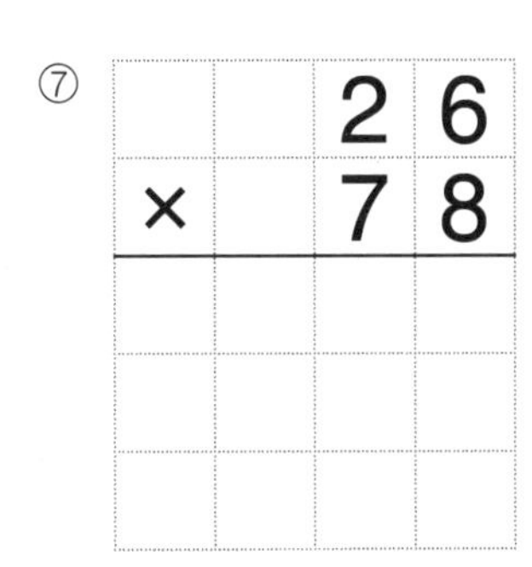

⑧ 61×98

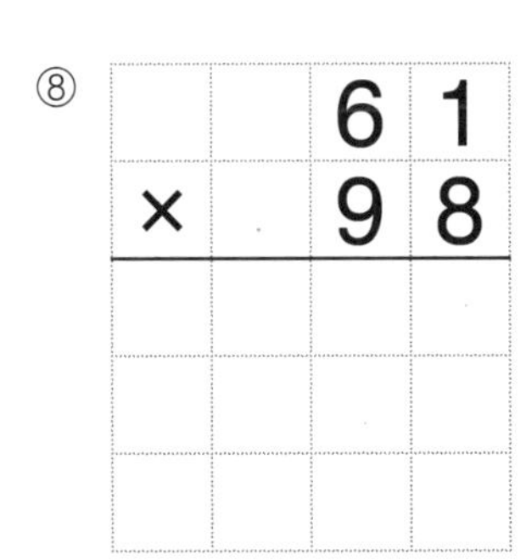

⑨ 72×57

⑩ 54×26

⑪ 45×58

⑫ 69×79

⑬ 96×93

⑭ 81×83

⑮ 63×94

⑯ 55×74

(두 자리 수)×(두 자리 수) ❶

① $3 \times 44 = 132$

			3	
×		4	4	
		1	2	← 3×4
	1	2	0	← 3×40
	1	3	2	

② $50 \times 43 =$

③ $38 \times 85 =$

④ $12 \times 95 =$

⑤ $73 \times 92 =$

⑥ $83 \times 94 =$

⑦ $33 \times 52 =$

⑧ $34 \times 18 =$

⑨ $56 \times 59 =$

2 Day (두 자리 수)×(두 자리 수) ❶

A

월 일 /16

①
			4
×		4	6
		2	4
	1	6	0
	1	8	4

← 4×6
← 4×40

②
			6
×		3	7

③
		6	0
×		2	8

④
		5	0
×		1	8

⑤
		4	6
×		8	4

⑥
		3	4
×		9	2

⑦
		7	7
×		7	7

⑧
		4	4
×		8	9

⑨
		2	8
×		4	7

⑩
		8	6
×		2	5

⑪
		7	6
×		9	6

⑫
		4	6
×		6	9

⑬
		3	7
×		8	9

⑭
		2	8
×		7	4

⑮
		8	9
×		3	9

⑯
		9	1
×		1	8

(두 자리 수)×(두 자리 수) ❶

① $7 \times 26 = 182$

			7
×		2	6
		4	2
	1	4	0
	1	8	2

← 7×6 (42)
← 7×20 (140)

② $90 \times 12 =$

③ $61 \times 35 =$

④ $69 \times 37 =$

⑤ $76 \times 83 =$

⑥ $81 \times 97 =$

⑦ $92 \times 86 =$

⑧ $28 \times 63 =$

⑨ $57 \times 38 =$

(두 자리 수)×(두 자리 수) ❶

A

월 일 /16

① 6 × 54

			6
×		5	4
		2	4
	3	0	0
	3	2	4

← 6 × 4
← 6 × 50

② 7 × 52

③ 80 × 32

④ 90 × 25

⑤ 38 × 74

⑥ 73 × 95

⑦ 37 × 75

⑧ 24 × 85

⑨ 47 × 94

⑩ 82 × 72

⑪ 68 × 89

⑫ 49 × 89

⑬ 57 × 46

⑭ 94 × 95

⑮ 77 × 97

⑯ 58 × 36

(두 자리 수)×(두 자리 수) ❶

B

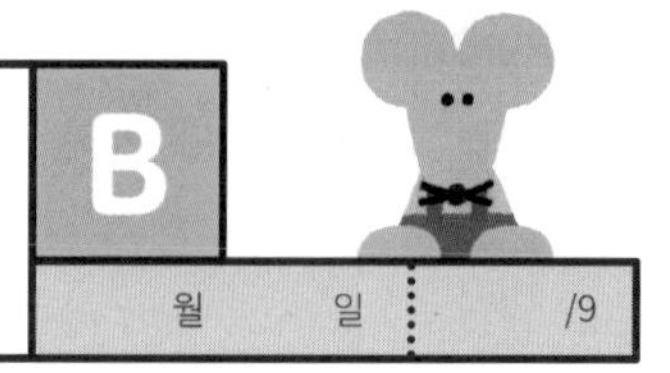

월 일 /9

① $5 \times 76 = 380$

			5
×		7	6
		3	0
	3	5	0
	3	8	0

← 5×6

← 5×70

② $70 \times 27 =$

③ $17 \times 15 =$

④ $84 \times 93 =$

⑤ $82 \times 79 =$

⑥ $49 \times 69 =$

⑦ $96 \times 62 =$

⑧ $91 \times 78 =$

⑨ $59 \times 37 =$

(두 자리 수)×(두 자리 수) ❶

월 일 /16

①

			8
×		2	7
		5	6
	1	6	0
	2	1	6

← 8 × 7
← 8 × 20

② 7×43

③ 60×54

④ 80×37

⑤ 37×98

⑥ 73×94

⑦ 53×65

⑧ 34×89

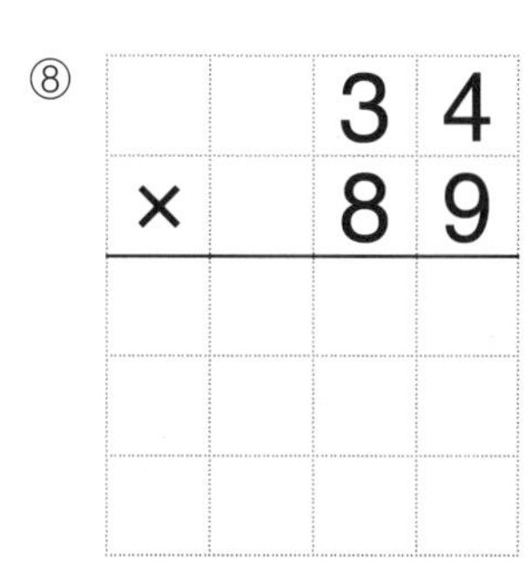

⑨ 48×62

⑩ 87×79

⑪ 83×89

⑫ 47×65

⑬ 59×48

⑭ 94×62

⑮ 95×87

⑯ 57×39

52단계

(두 자리 수)×(두 자리 수) ❶

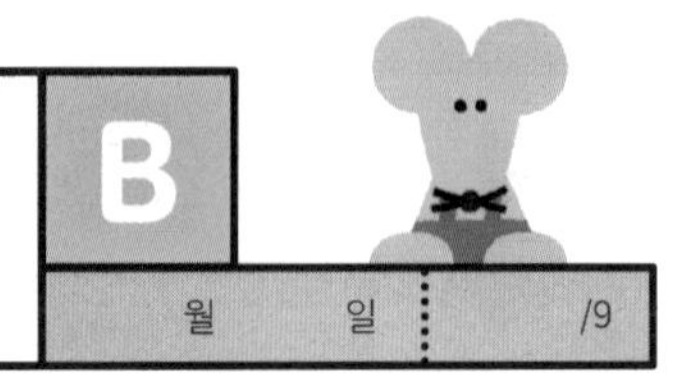

① $6 \times 83 = 498$

			6	
×		8	3	
		1	8	← 6×3
	4	8	0	← 6×80
	4	9	8	

② $70 \times 33 =$

③ $15 \times 95 =$

④ $85 \times 93 =$

⑤ $89 \times 79 =$

⑥ $45 \times 67 =$

⑦ $94 \times 42 =$

⑧ $93 \times 76 =$

⑨ $57 \times 54 =$

52단계

(두 자리 수)×(두 자리 수) ❶

A

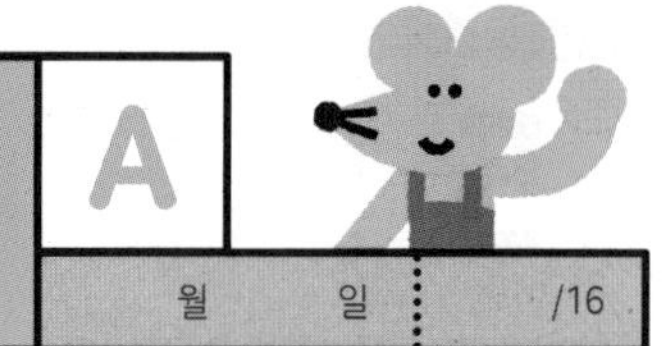

월 일 /16

①

			3
×		4	9
		2	7
	1	2	0
	1	4	7

← 3 × 9
← 3 × 40

⑤ 34×75

⑨ 44×64

⑬ 54×47

② 4×63

⑥ 77×89

⑩ 88×83

⑭ 95×24

③ 50×78

⑦ 57×67

⑪ 83×82

⑮ 92×79

④ 80×36

⑧ 35×87

⑫ 47×67

⑯ 53×98

52단계

(두 자리 수)×(두 자리 수) ❶

① 9×32=288

			9
×		3	2
		1	8
	2	7	0
	2	8	8

← 9×2
← 9×30

④ 87×74=

⑦ 93×63=

② 50×14=

⑤ 86×86=

⑧ 95×85=

③ 18×28=

⑥ 49×63=

⑨ 57×89=

53 단계 (두 자리 수)×(두 자리 수) ②

▶ **학습계획 :** 매일 공부할 날짜를 정하고, 계획에 맞게 공부하세요.

일차	1일차	2일차	3일차	4일차	5일차
날짜	/	/	/	/	/

▶ **학습연계 :** 지금 무엇을 배우는지 확인하고, 이전에 배운 단계와 앞으로 배울 단계를 살펴보세요.

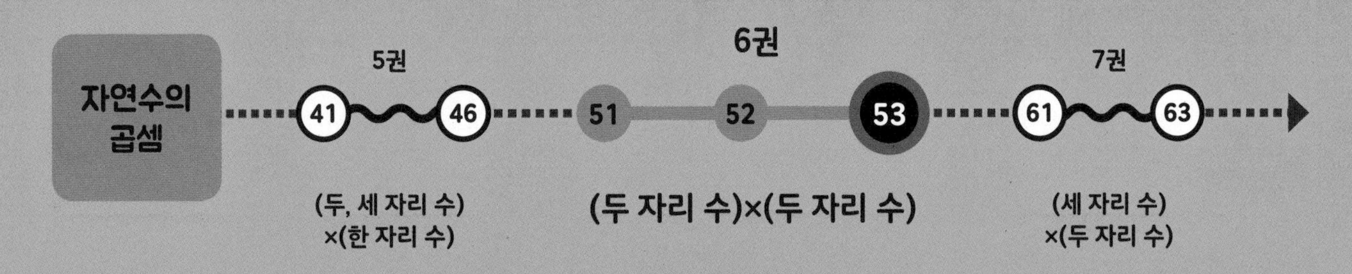

(두 자리 수)×(두 자리 수) ❷

곱셈 과정에서 각 자리의 곱을 더할 때 받아올림이 여러 번 있어요.

곱하는 두 자리 수를 '몇'과 '몇십'으로 나누어 계산하는 방법은 52단계와 똑같지만, 두 곱을 더할 때 받아올림이 여러 번 있으므로 주의하여 계산합니다.
곱셈 과정에서 등장하는 받아올림이 있는 덧셈을 정확하게 계산하면 실수하지 않고 곱을 구하는 계산 능력을 향상시킬 수 있습니다.

$$\begin{array}{r} 84 \\ \times\ 49 \\ \hline \end{array}$$

9+40

❶ (두 자리 수)×(몇)　❷ (두 자리 수)×(몇십)

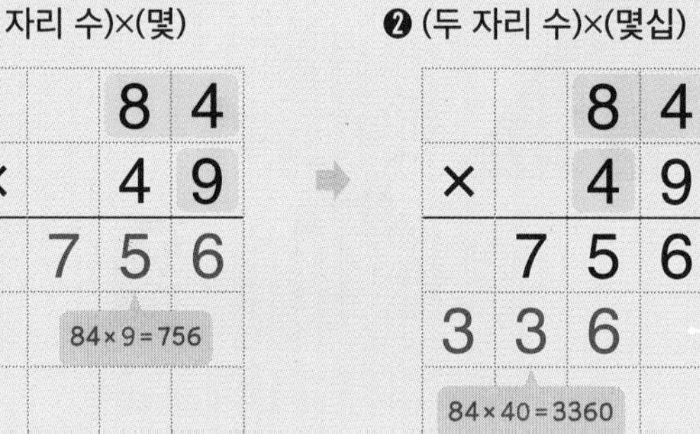

❸ 두 곱을 더하기

		8	4
×		4	9
	7	5	6
3	3	6	
4	1	1	6

756+3360=4116

일의 자리에 0은 생략!
십의 자리부터 수를 써요.

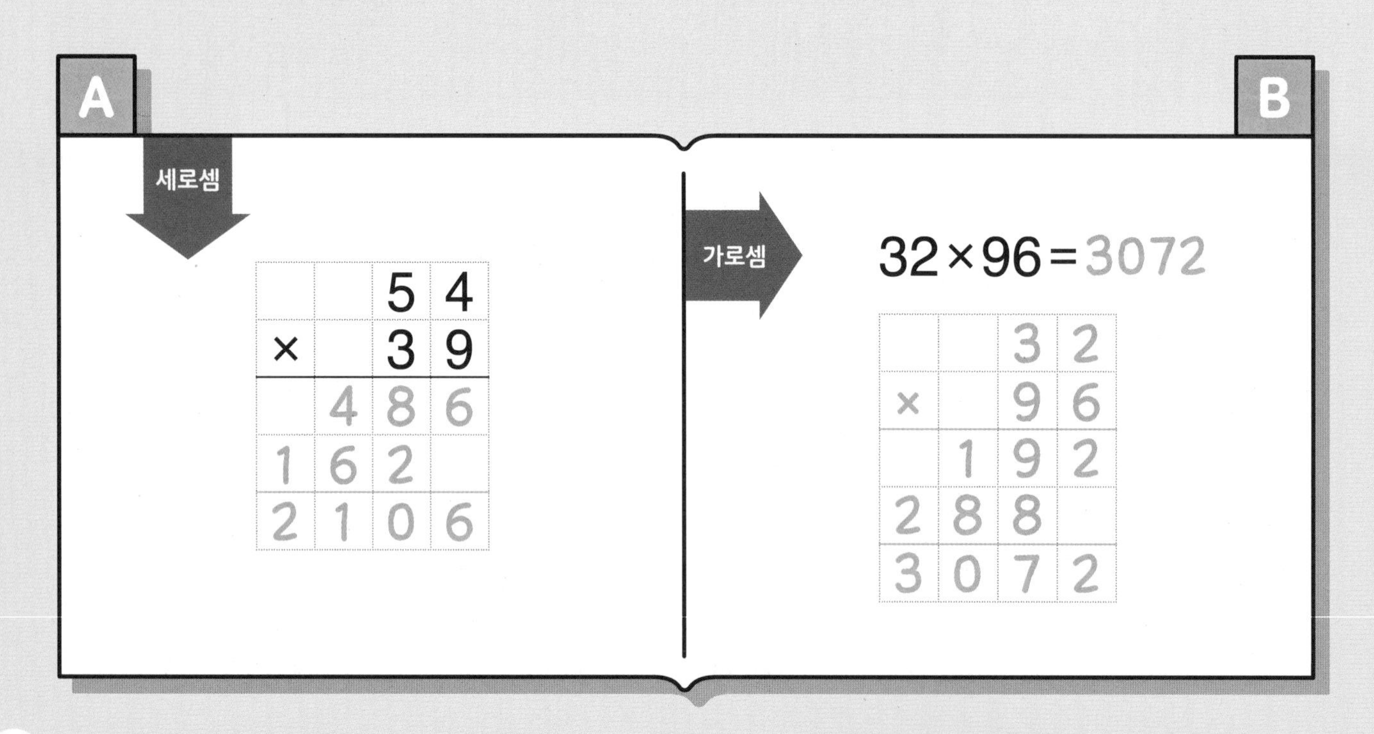

53단계

1 Day (두 자리 수)×(두 자리 수) ②

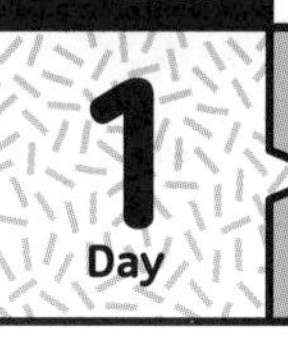

①

		2	1
×		9	6
	1	2	6
1	8	9	
2	0	1	6

← 21×6
← 21×90

⑤

		3	1
×		6	5

⑨

		4	6
×		4	4

⑬

		2	6
×		3	9

②

		6	1
×		3	8

⑥

		7	4
×		4	1

⑩

		8	7
×		9	2

⑭

		9	2
×		3	7

③

		2	7
×		7	6

⑦

		3	3
×		3	6

⑪

		4	3
×		2	4

⑮

		5	4
×		9	3

④

		6	3
×		9	6

⑧

		7	3
×		8	5

⑫

		8	3
×		6	3

⑯

		9	3
×		9	8

53단계

(두 자리 수)×(두 자리 수) ❷

① 59×68=

		5	9
×		6	8

② 27×78=

③ 64×36=

④ 71×57=

⑤ 33×61=

⑥ 85×97=

⑦ 93×39=

⑧ 55×37=

⑨ 95×95=

(두 자리 수)×(두 자리 수) ❷

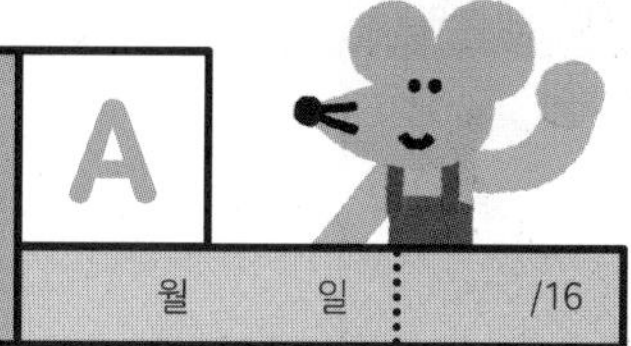

①

		2	2
×		9	1
		2	2
1	9	8	
2	0	0	2

← 22×1
← 22×90

② 61×83

③ 28×75

④ 64×47

⑤ 31×97

⑥

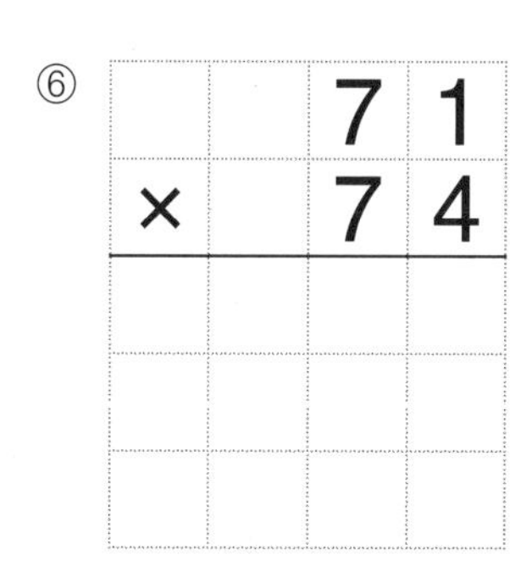

⑦

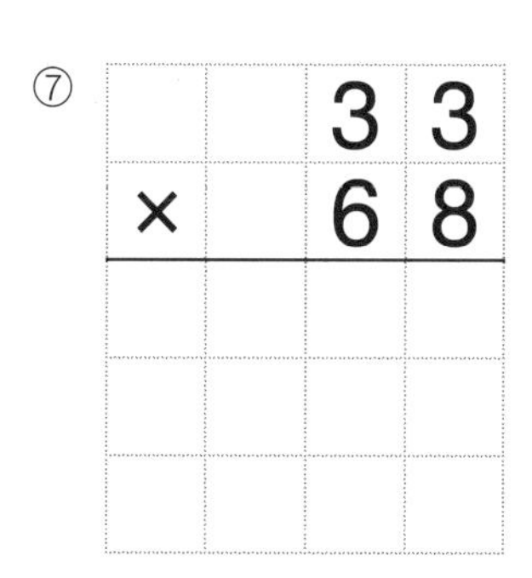

⑧

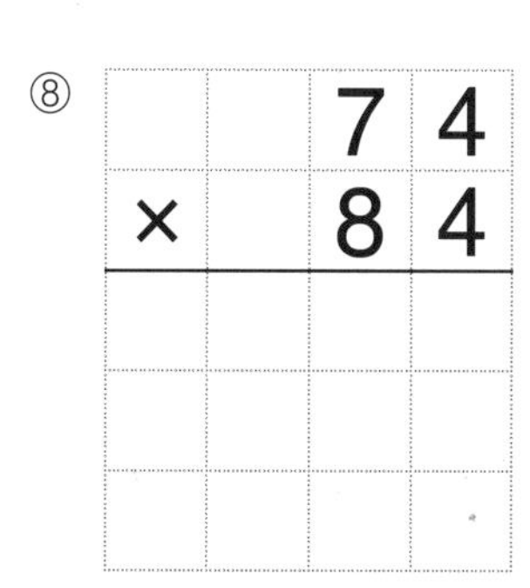

⑨ 46×24

⑩ 84×98

⑪ 44×28

⑫ 82×76

⑬ 52×39

⑭ 94×48

⑮ 55×57

⑯ 97×93

(두 자리 수)×(두 자리 수) ❷

① $62 \times 34 =$

		6	2
×		3	4

② $28 \times 76 =$

③ $64 \times 63 =$

④ $71 \times 85 =$

⑤ $33 \times 91 =$

⑥ $75 \times 95 =$

⑦ $83 \times 97 =$

⑧ $54 \times 79 =$

⑨ $83 \times 86 =$

(두 자리 수)×(두 자리 수) ❷

A

월 일 /16

①

		4	1	
×		2	7	
	2	8	7	← 41×7
	8	2		← 41×20
1	1	0	7	

⑤ 31 × 36

⑨ 22 × 96

⑬ 52 × 97

② 62 × 81

⑥ 91 × 88

⑩ 82 × 98

⑭ 76 × 95

③ 28 × 77

⑦ 33 × 96

⑪ 44 × 26

⑮ 55 × 93

④ 64 × 79

⑧ 72 × 28

⑫ 84 × 73

⑯ 98 × 79

53단계

(두 자리 수)×(두 자리 수) ❷

① 61×68=

		6	1
×		6	8

② 29×69=

③ 64×94=

④ 72×42=

⑤ 35×58=

⑥ 77×91=

⑦ 82×87=

⑧ 46×46=

⑨ 85×78=

(두 자리 수)×(두 자리 수) ❷

월 일 /16

①

		2	1
×		9	8
	1	6	8
1	8	9	
2	0	5	8

← 21×8

← 21×90

⑤ 99×91

⑨ 32×69

⑬ 53×57

② 61×82

⑥ 81×78

⑩ 72×48

⑭ 95×57

③ 23×87

⑦ 36×28

⑪ 46×68

⑮ 56×75

④ 65×94

⑧ 79×76

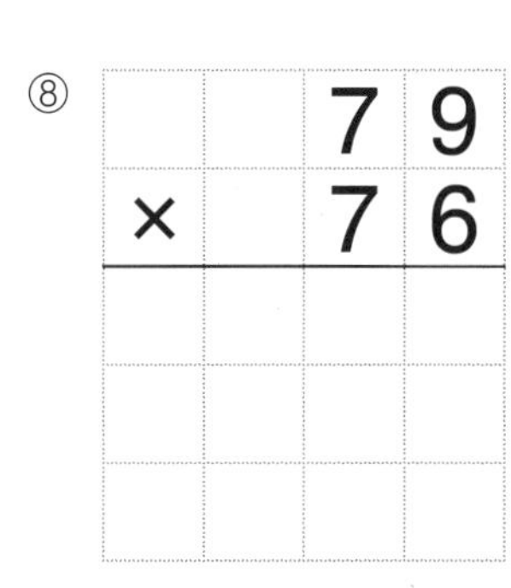

⑫ 86×85

⑯ 94×75

(두 자리 수)×(두 자리 수) ❷

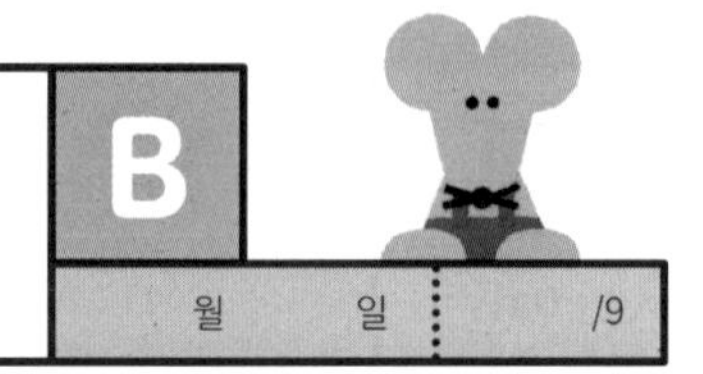

① $62 \times 97 =$

④ $72 \times 84 =$

⑦ $81 \times 62 =$

② $22 \times 93 =$

⑤ $36 \times 84 =$

⑧ $46 \times 87 =$

③ $66 \times 31 =$

⑥ $77 \times 65 =$

⑨ $87 \times 89 =$

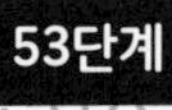

(두 자리 수)×(두 자리 수) ②

월 일 /16

①

		7	1	
×		7	5	
	3	5	5	← 71×5
4	9	7		← 71×70
5	3	2	5	

② 88×91

③ 32×96

④ 68×78

⑤ 21×98

⑥ 51×59

⑦ 37×28

⑧ 76×79

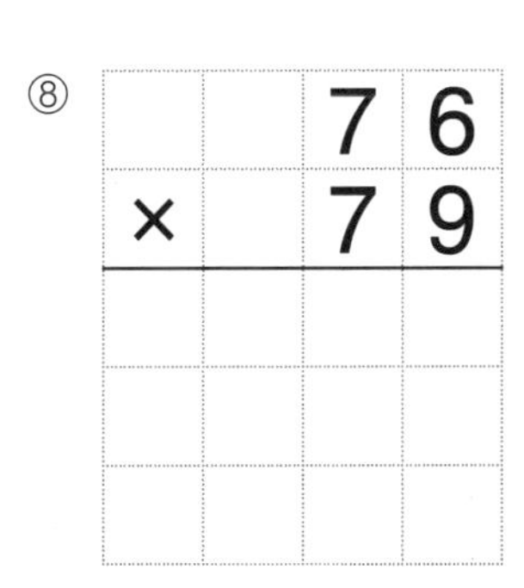

⑨ 42×79

⑩ 83×27

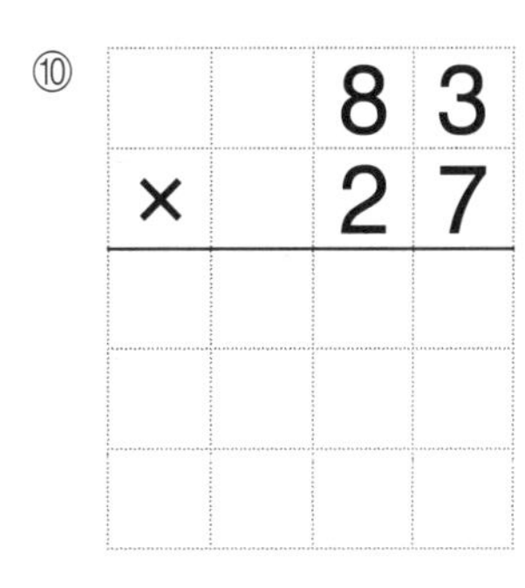

⑪ 48×84

⑫ 63×34

⑬ 73×29

⑭ 94×64

⑮ 24×88

⑯ 97×58

53단계

(두 자리 수)×(두 자리 수) ❷

① 63×64=

		6	3
×		6	4

② 27×79=

③ 99×71=

④ 73×58=

⑤ 37×87=

⑥ 79×52=

⑦ 49×68=

⑧ 81×26=

⑨ 87×49=

54 단계 (몇십)÷(몇), (몇백몇십)÷(몇)

▶ **학습계획 :** 매일 공부할 날짜를 정하고, 계획에 맞게 공부하세요.

일차	1일차	2일차	3일차	4일차	5일차
날짜	/	/	/	/	/

▶ **학습연계 :** 지금 무엇을 배우는지 확인하고, 이전에 배운 단계와 앞으로 배울 단계를 살펴보세요.

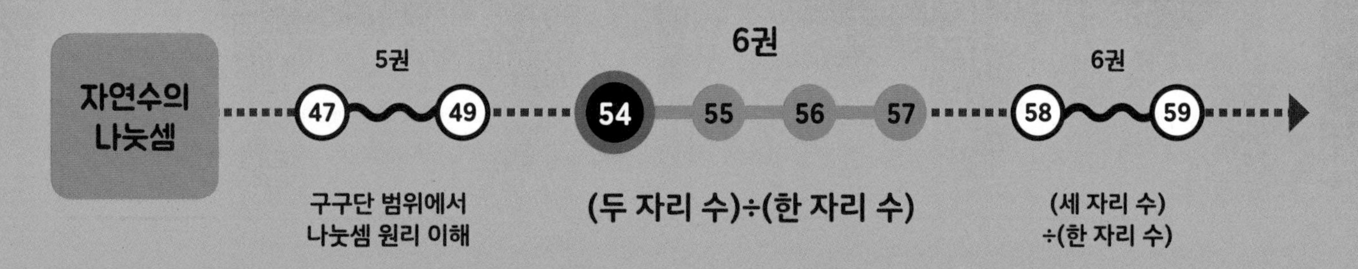

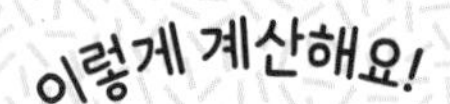

54 (몇십)÷(몇), (몇백몇십)÷(몇)

나누어지는 수의 0을 떼어 놓고 계산하고, 그 몫에 0을 붙여요.

원리 나누는 수가 같을 때 나누어지는 수를 10배 하면 몫도 10배가 됩니다.

나누어지는 수 10배

$18 \div 6 = 3 \Rightarrow 180 \div 6 = 30$

몫 10배

방법 몇십이나 몇백몇십의 일의 자리 수 0을 없는 것으로 생각하여 한 자리 수 또는 두 자리 수로 나눗셈을 한 다음 그 몫에 0을 붙여 줍니다.

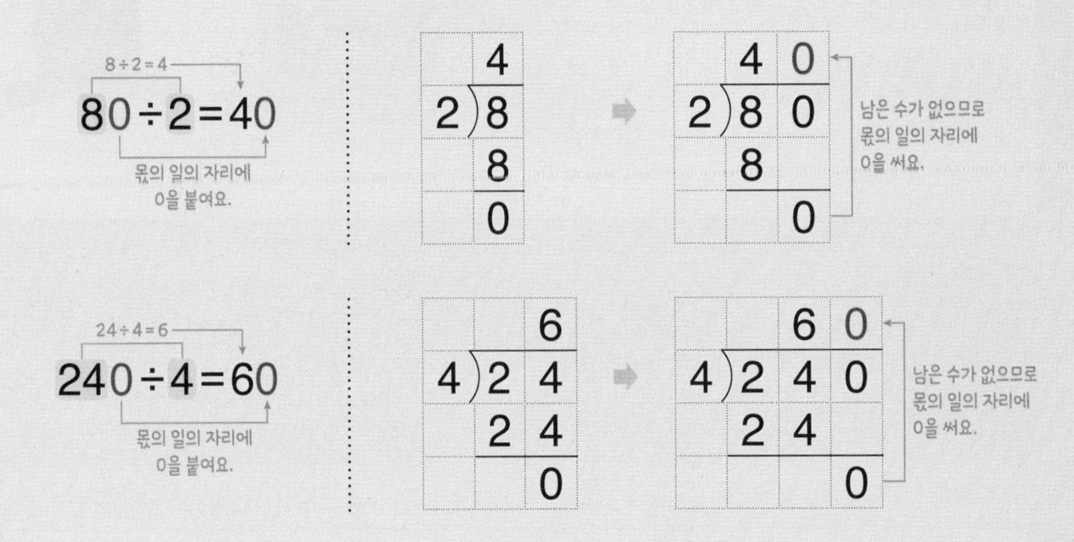

1 Day (몇십)÷(몇), (몇백몇십)÷(몇)

A

월 일 /30

① $40 \div 2 =$ 2 0 (4÷2)

② $90 \div 9 =$ ☐

③ $30 \div 3 =$ ☐

④ $80 \div 4 =$ ☐

⑤ $360 \div 6 =$ ☐

⑥ $140 \div 7 =$ ☐

⑦ $400 \div 8 =$ ☐

⑧ $200 \div 5 =$ ☐

⑨ $60 \div 2 =$ ☐

⑩ $150 \div 5 =$ ☐

⑪ $120 \div 3 =$ ☐

⑫ $320 \div 4 =$ ☐

⑬ $270 \div 9 =$ ☐

⑭ $160 \div 8 =$ ☐

⑮ $60 \div 6 =$ ☐

⑯ $350 \div 7 =$ ☐

⑰ $120 \div 2 =$ ☐

⑱ $560 \div 8 =$ ☐

⑲ $160 \div 4 =$ ☐

⑳ $810 \div 9 =$ ☐

㉑ $280 \div 4 =$ ☐

㉒ $360 \div 9 =$ ☐

㉓ $420 \div 7 =$ ☐

㉔ $640 \div 8 =$ ☐

㉕ $250 \div 5 =$ ☐

㉖ $180 \div 9 =$ ☐

㉗ $540 \div 6 =$ ☐

㉘ $720 \div 8 =$ ☐

㉙ $490 \div 7 =$ ☐

㉚ $140 \div 2 =$ ☐

54단계

(몇십)÷(몇), (몇백몇십)÷(몇)

월 일 /28

일의 자리에 0을 써요.

① 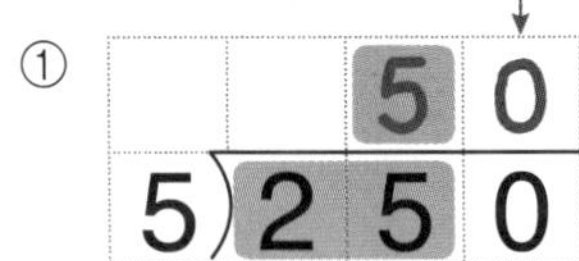
$5\overline{)250}$ = 50

② $3\overline{)90}$

③ $9\overline{)540}$

④ $2\overline{)180}$

⑤ $3\overline{)210}$

⑥ $8\overline{)160}$

⑦ 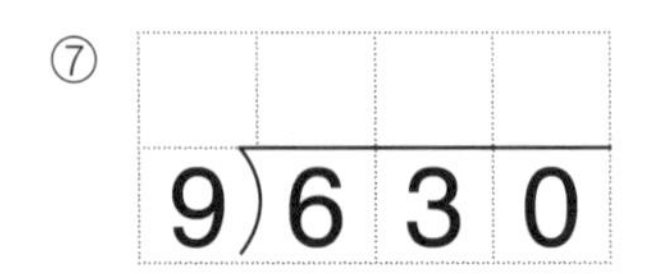
$9\overline{)630}$

⑧ 
$7\overline{)420}$

⑨ $6\overline{)480}$

⑩ $8\overline{)240}$

⑪ 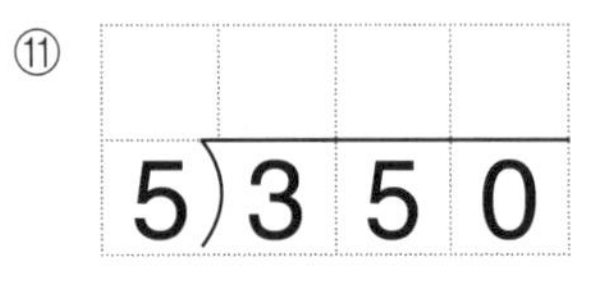
$5\overline{)350}$

⑫ $4\overline{)360}$

⑬ $7\overline{)490}$

⑭ $3\overline{)150}$

⑮ 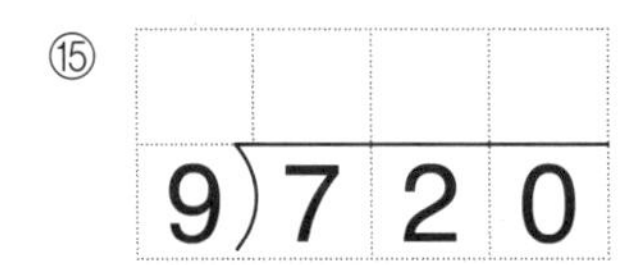
$9\overline{)720}$

⑯ 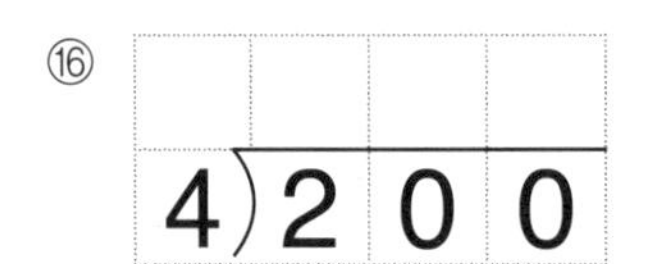
$4\overline{)200}$

⑰ 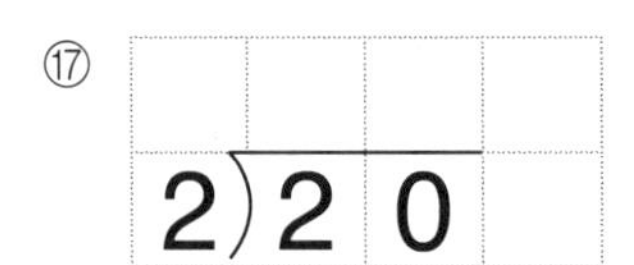
$2\overline{)20}$

⑱ 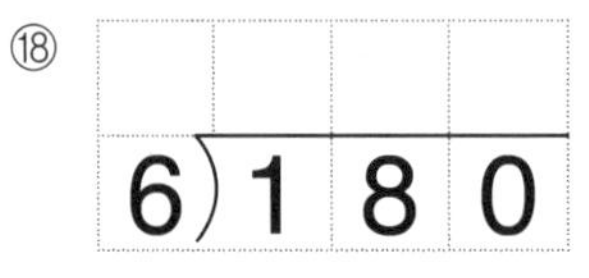
$6\overline{)180}$

⑲ 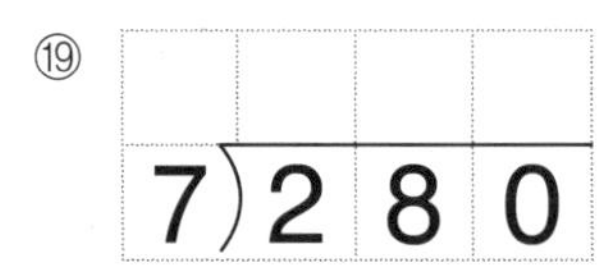
$7\overline{)280}$

⑳ 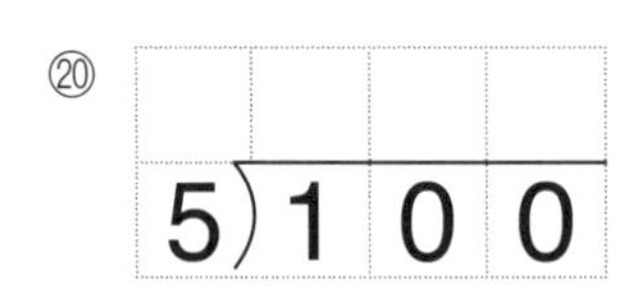
$5\overline{)100}$

㉑ $4\overline{)320}$

㉒ 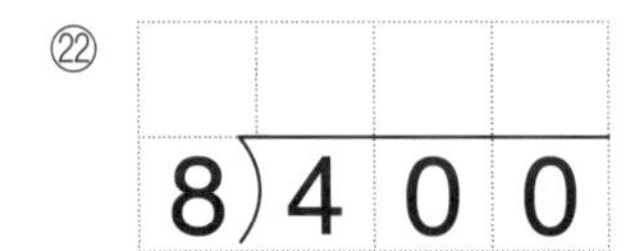
$8\overline{)400}$

㉓ 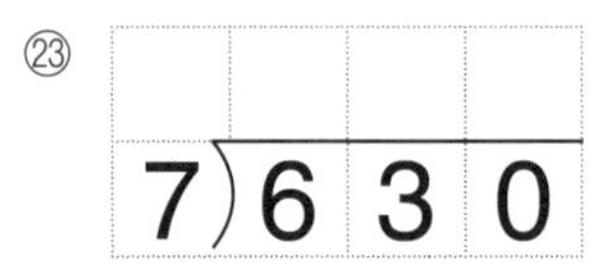
$7\overline{)630}$

㉔ $6\overline{)360}$

㉕ 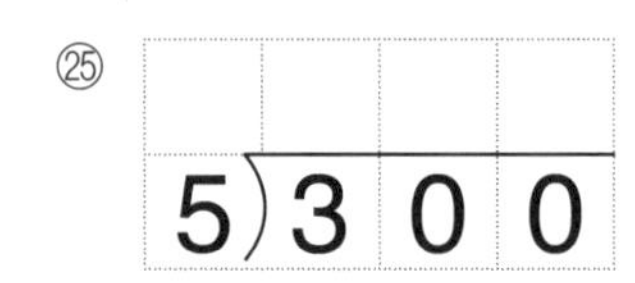
$5\overline{)300}$

㉖ 
$8\overline{)560}$

㉗ 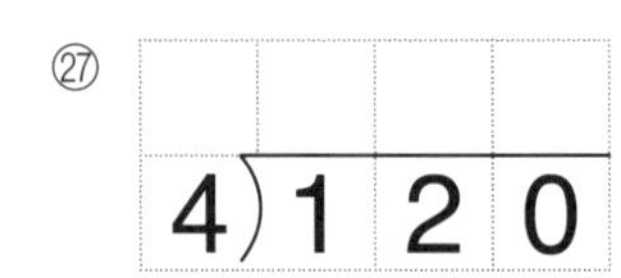
$4\overline{)120}$

㉘ $9\overline{)450}$

2 Day (몇십)÷(몇), (몇백몇십)÷(몇)

A

월 일 /30

① $90 \div 3 = 30$ (9÷3)

② $240 \div 6 =$

③ $160 \div 2 =$

④ $420 \div 7 =$

⑤ $180 \div 9 =$

⑥ $120 \div 4 =$

⑦ $320 \div 8 =$

⑧ $450 \div 5 =$

⑨ $360 \div 6 =$

⑩ $80 \div 8 =$

⑪ $20 \div 2 =$

⑫ $210 \div 7 =$

⑬ $240 \div 3 =$

⑭ $360 \div 4 =$

⑮ $450 \div 9 =$

⑯ $560 \div 7 =$

⑰ $270 \div 3 =$

⑱ $480 \div 8 =$

⑲ $50 \div 5 =$

⑳ $160 \div 4 =$

㉑ $720 \div 9 =$

㉒ $240 \div 4 =$

㉓ $250 \div 5 =$

㉔ $490 \div 7 =$

㉕ $300 \div 6 =$

㉖ $640 \div 8 =$

㉗ $100 \div 5 =$

㉘ $150 \div 3 =$

㉙ $420 \div 6 =$

㉚ $350 \div 5 =$

(몇십)÷(몇), (몇백몇십)÷(몇)

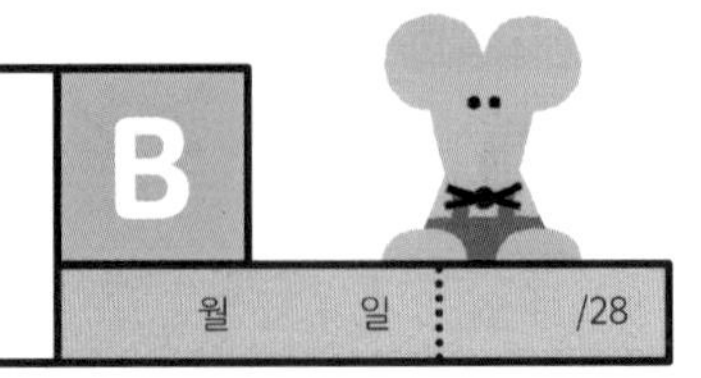

일의 자리에 0을 써요.

①
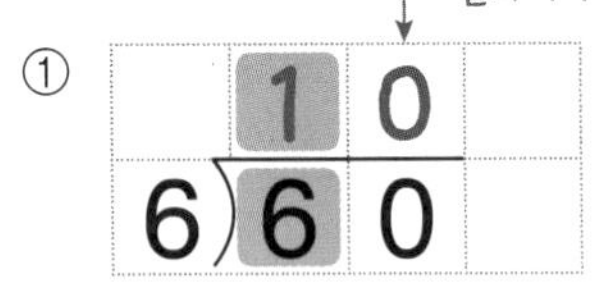

② 2)1 2 0

③ 7)4 9 0

④ 5)1 5 0

⑤
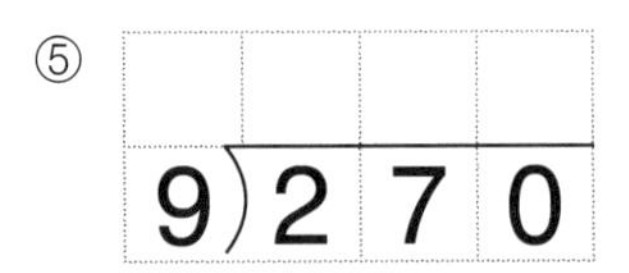

⑥ 3)1 2 0

⑦
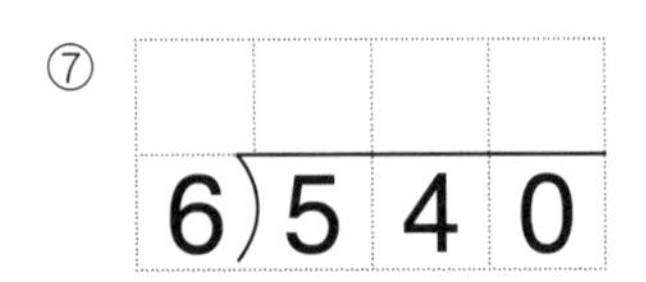

⑧
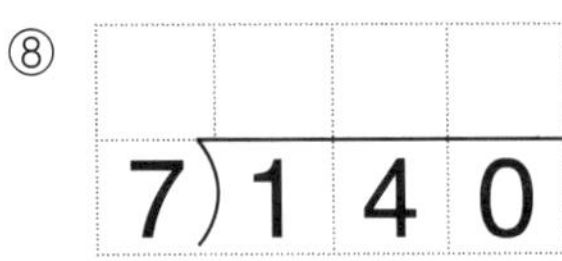

⑨ 4)1 2 0

⑩ 3)6 0

⑪
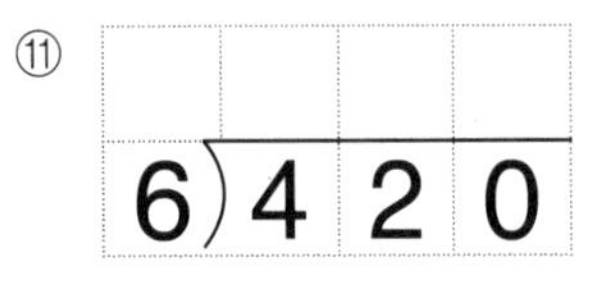

⑫ 8)4 0 0

⑬ 7)6 3 0

⑭ 2)8 0

⑮

⑯
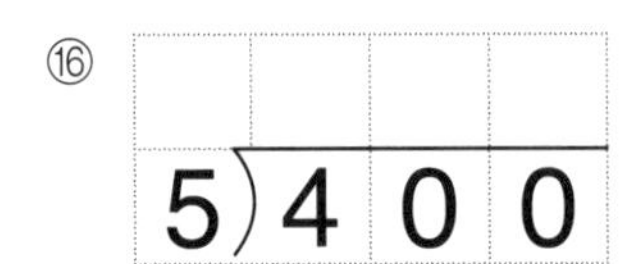

⑰
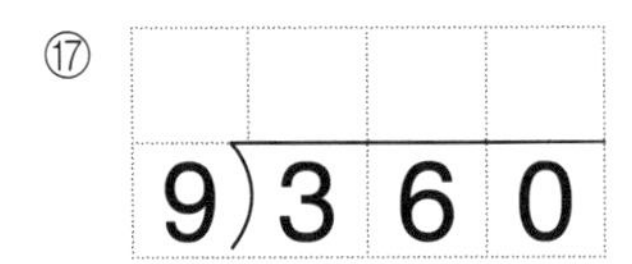

⑱
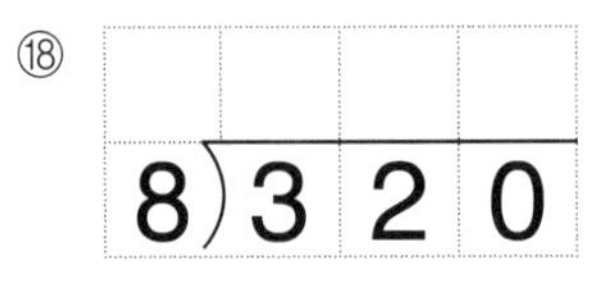

⑲
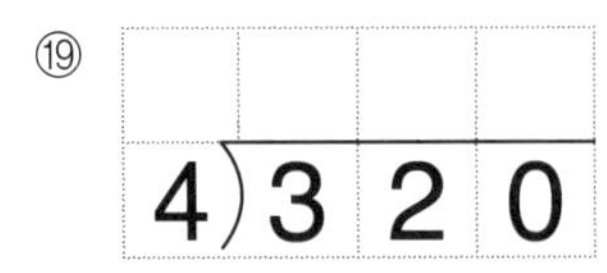

⑳
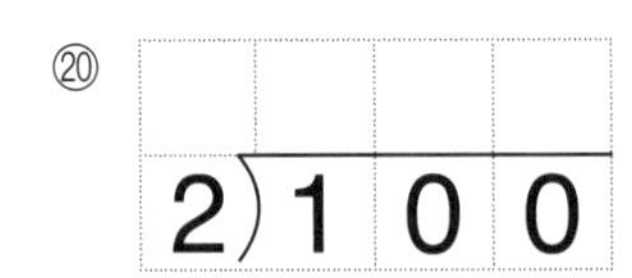

㉑
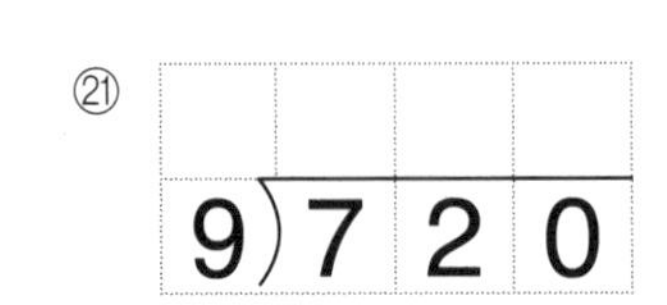

㉒
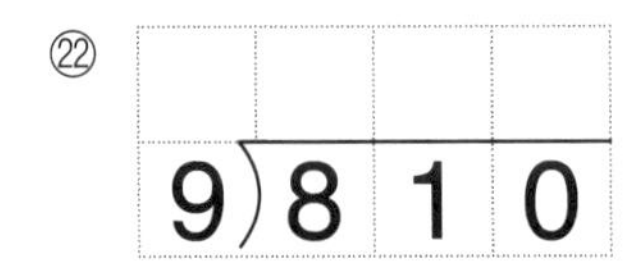

㉓
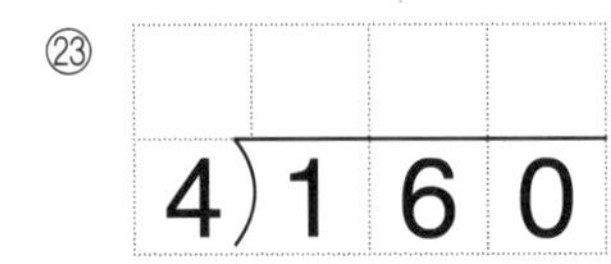

㉔ 9)1 8 0

㉕
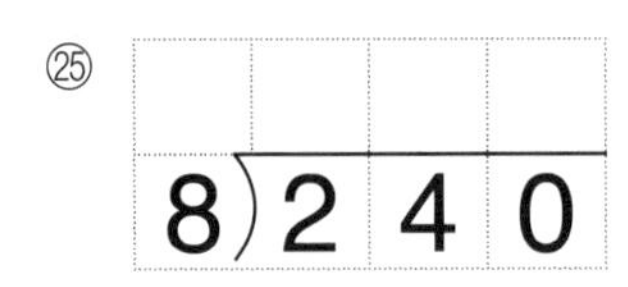

㉖
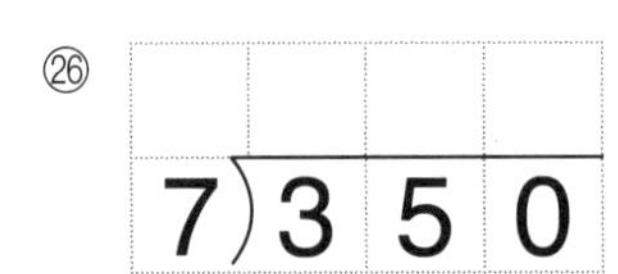

㉗
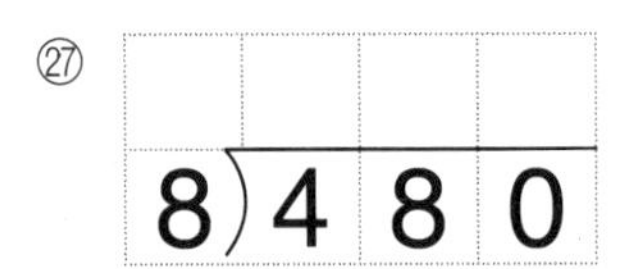

㉘
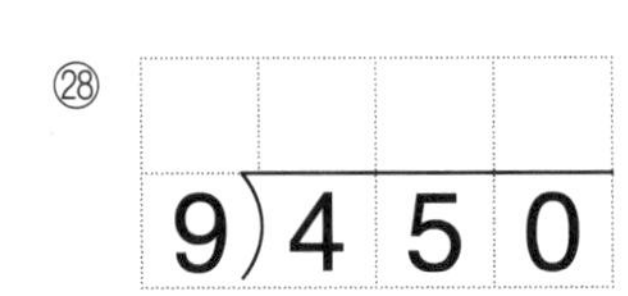

3 Day (몇십)÷(몇), (몇백몇십)÷(몇)

A

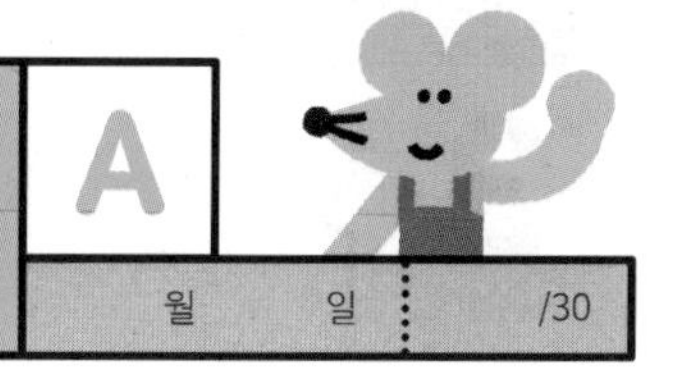

월 일 /30

① 18÷3 → $180 \div 3 =$ 6 0

② $200 \div 5 =$

③ $490 \div 7 =$

④ $200 \div 4 =$

⑤ $100 \div 2 =$

⑥ $540 \div 6 =$

⑦ $420 \div 7 =$

⑧ $400 \div 5 =$

⑨ $180 \div 9 =$

⑩ $320 \div 8 =$

⑪ $560 \div 8 =$

⑫ $60 \div 6 =$

⑬ $810 \div 9 =$

⑭ $250 \div 5 =$

⑮ $120 \div 2 =$

⑯ $540 \div 9 =$

⑰ $300 \div 6 =$

⑱ $640 \div 8 =$

⑲ $280 \div 7 =$

⑳ $90 \div 3 =$

㉑ $360 \div 9 =$

㉒ $350 \div 7 =$

㉓ $160 \div 8 =$

㉔ $240 \div 6 =$

㉕ $210 \div 7 =$

㉖ $450 \div 9 =$

㉗ $480 \div 8 =$

㉘ $150 \div 5 =$

㉙ $630 \div 9 =$

㉚ $100 \div 5 =$

(몇십)÷(몇), (몇백몇십)÷(몇)

① 

② 6)360

③ 9)90

④ 5)450

⑤ 2)100

⑥ 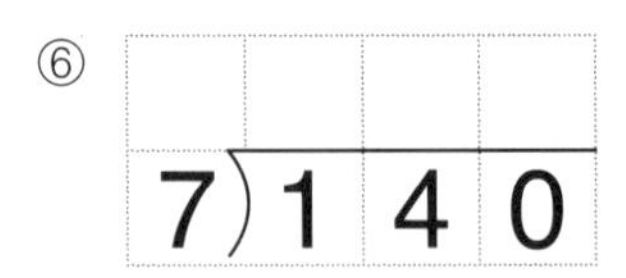
7)140

⑦ 8)240

⑧ 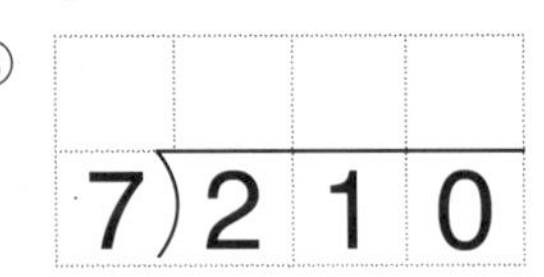
7)210

⑨ 9)630

⑩ 4)280

⑪ 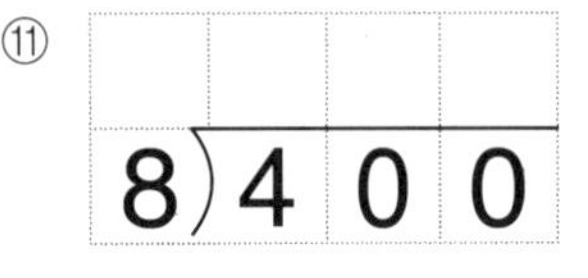
8)400

⑫ 6)240

⑬ 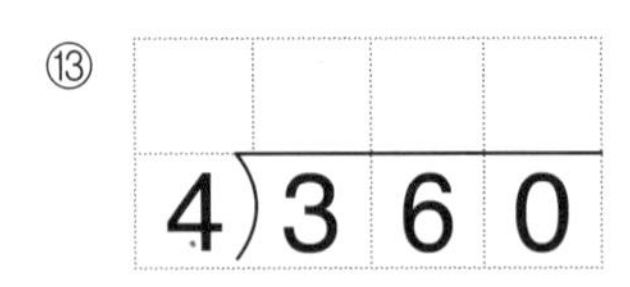
4)360

⑭ 5)100

⑮ 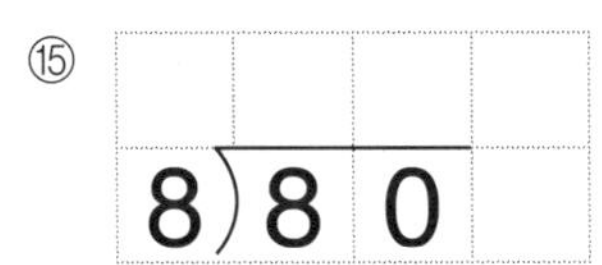
8)80

⑯ 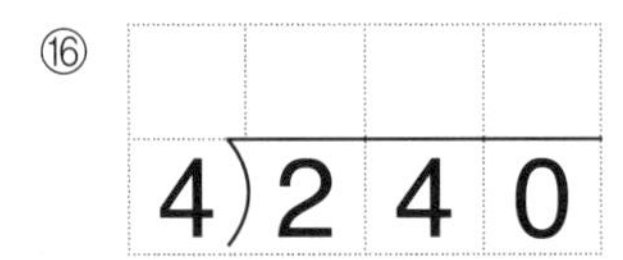
4)240

⑰ 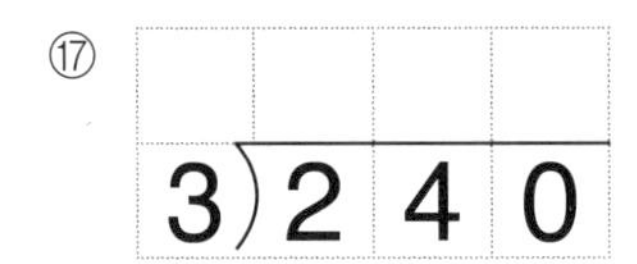
3)240

⑱ 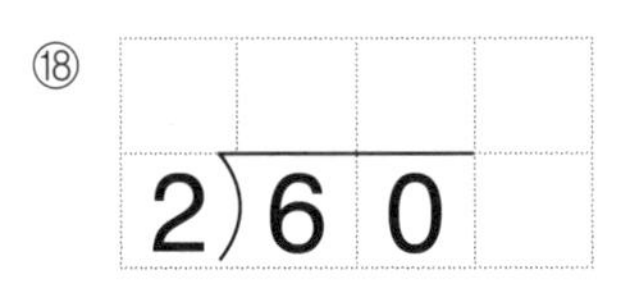
2)60

⑲ 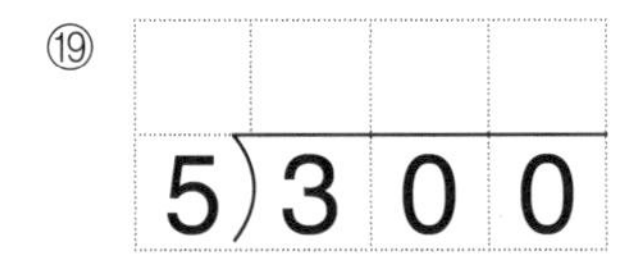
5)300

⑳ 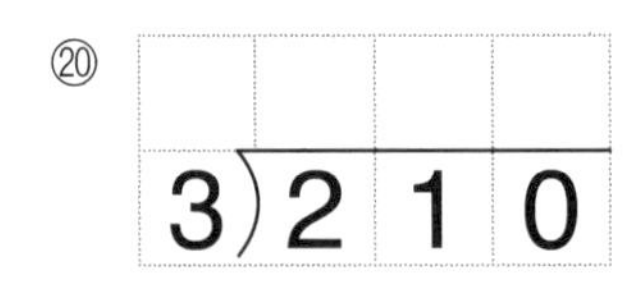
3)210

㉑ 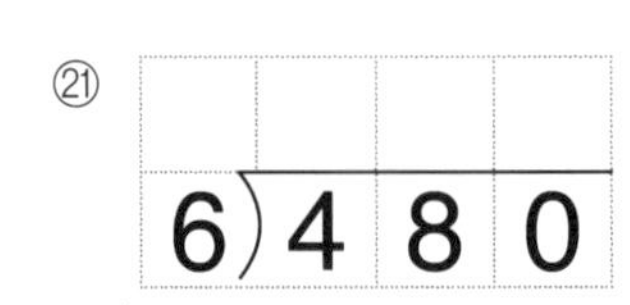
6)480

㉒ 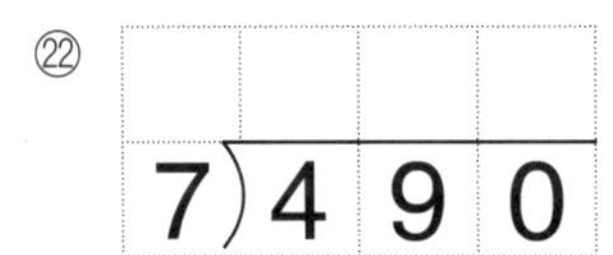
7)490

㉓ 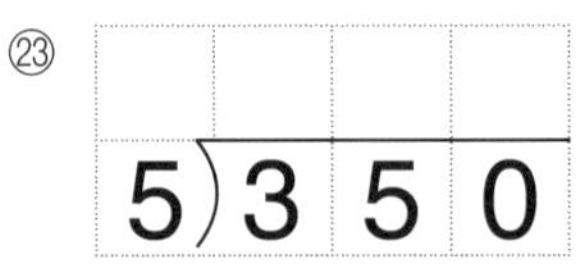
5)350

㉔ 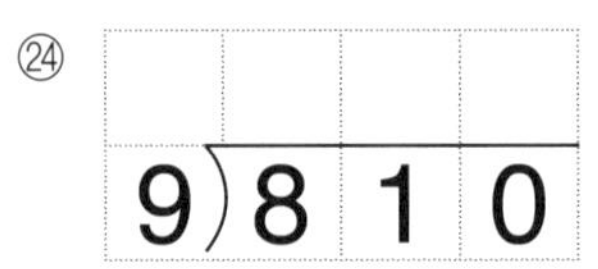
9)810

㉕ 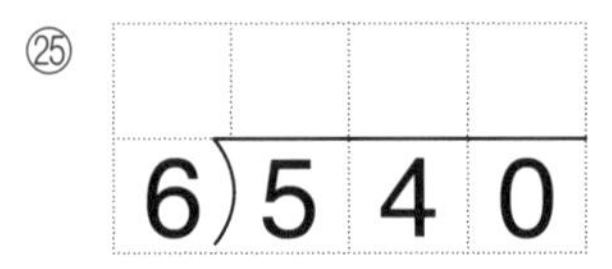
6)540

㉖ 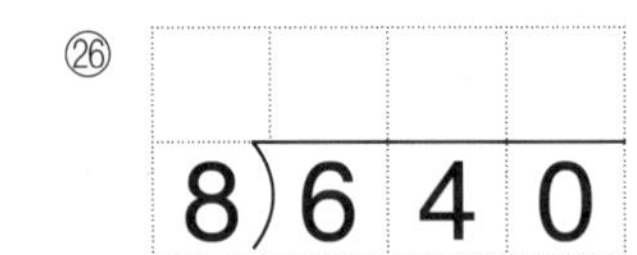
8)640

㉗ 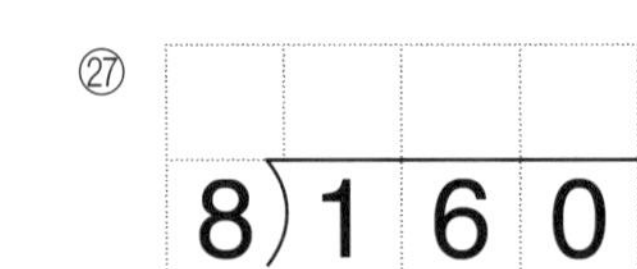
8)160

㉘ 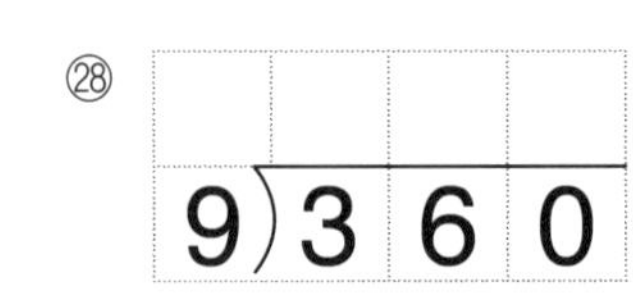
9)360

4 Day (몇십)÷(몇), (몇백몇십)÷(몇)

A

월 일 /30

① 21÷3

$210 \div 3 =$ 7 0

② $80 \div 4 =$

③ $100 \div 5 =$

④ $420 \div 7 =$

⑤ $270 \div 9 =$

⑥ $140 \div 2 =$

⑦ $180 \div 6 =$

⑧ $400 \div 8 =$

⑨ $70 \div 7 =$

⑩ $200 \div 4 =$

⑪ $180 \div 2 =$

⑫ $360 \div 6 =$

⑬ $150 \div 3 =$

⑭ $400 \div 5 =$

⑮ $630 \div 7 =$

⑯ $280 \div 4 =$

⑰ $120 \div 3 =$

⑱ $480 \div 6 =$

⑲ $200 \div 5 =$

⑳ $540 \div 9 =$

㉑ $350 \div 7 =$

㉒ $640 \div 8 =$

㉓ $490 \div 7 =$

㉔ $350 \div 5 =$

㉕ $810 \div 9 =$

㉖ $240 \div 8 =$

㉗ $300 \div 5 =$

㉘ $360 \div 9 =$

㉙ $450 \div 5 =$

㉚ $720 \div 9 =$

(몇십)÷(몇), (몇백몇십)÷(몇)

① 7)350 (몫: 50)

② 3)240

③ 2)40

④ 8)480

⑤ 9)450

⑥ 6)120

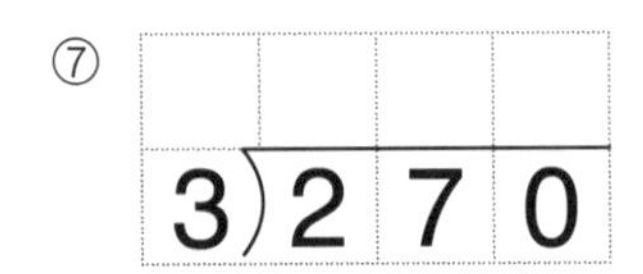

⑦ 3)270

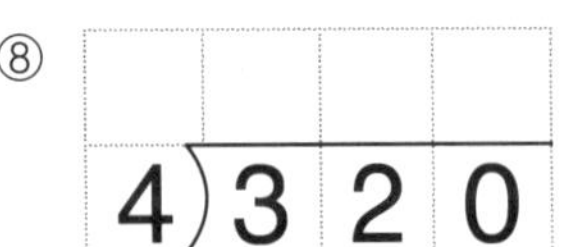

⑧ 4)320

⑨ 5)150

⑩ 6)420

⑪ 3)180

⑫ 2)160

⑬ 2)80

⑭ 9)810

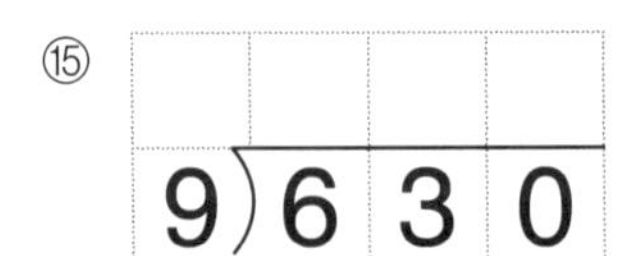

⑮ 9)630

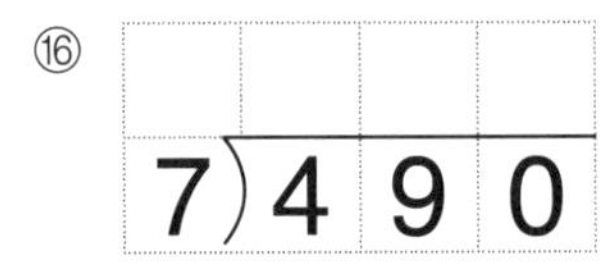

⑯ 7)490

⑰ 8)720

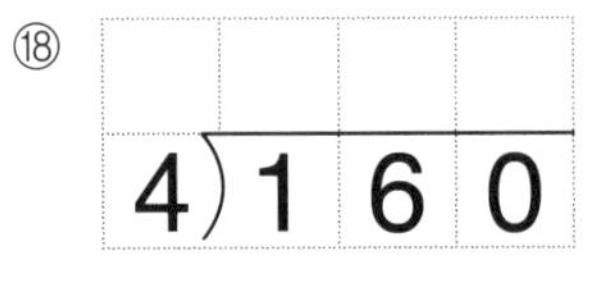

⑱ 4)160

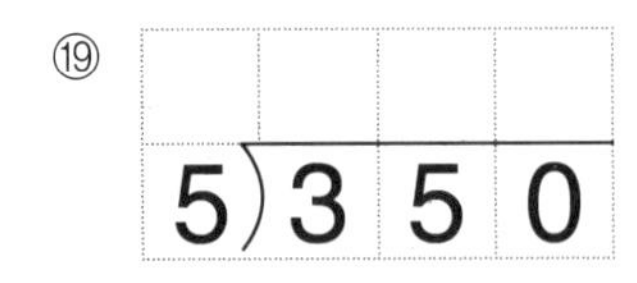

⑲ 5)350

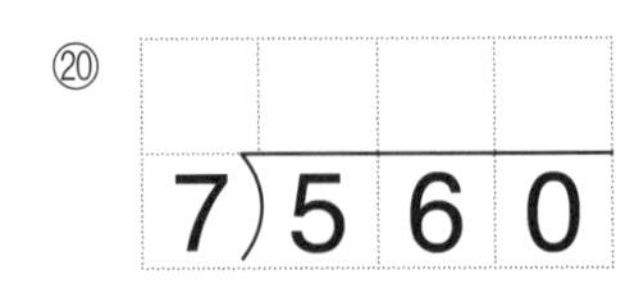

⑳ 7)560

㉑ 8)240

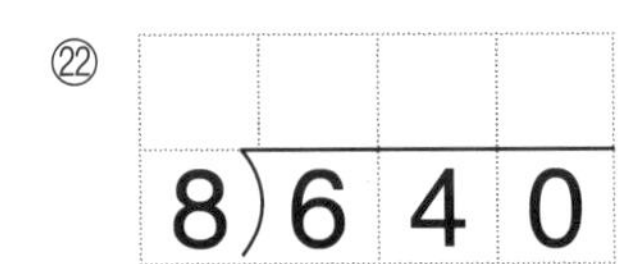

㉒ 8)640

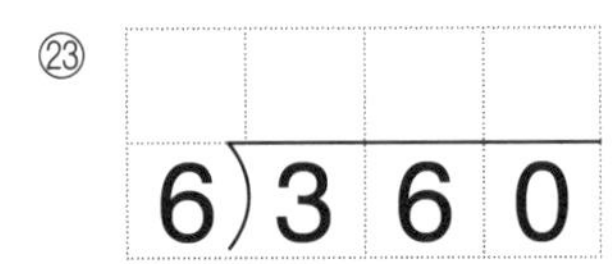

㉓ 6)360

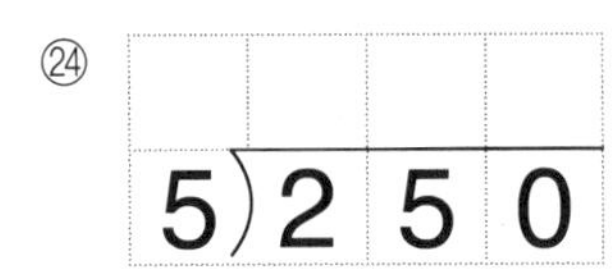

㉔ 5)250

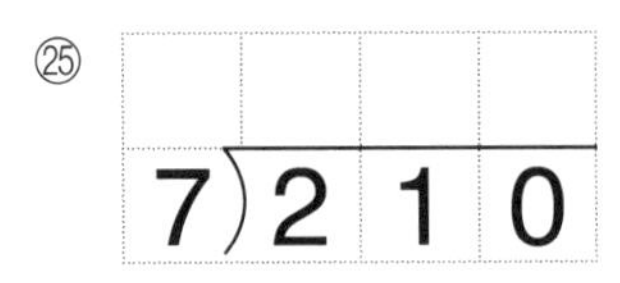

㉕ 7)210

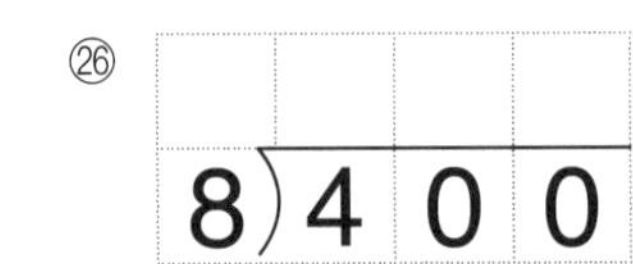

㉖ 8)400

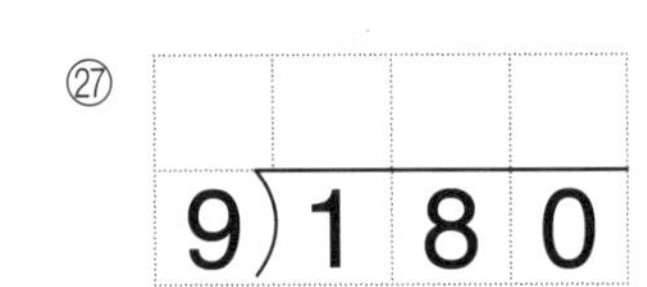

㉗ 9)180

㉘ 5)200

54단계

(몇십)÷(몇), (몇백몇십)÷(몇)

A

월 일 /30

① $300 \div 5 =$ 6 0 (30÷5)

② $480 \div 8 =$ ☐

③ $40 \div 4 =$ ☐

④ $30 \div 3 =$ ☐

⑤ $160 \div 2 =$ ☐

⑥ $180 \div 9 =$ ☐

⑦ $540 \div 6 =$ ☐

⑧ $240 \div 3 =$ ☐

⑨ $560 \div 8 =$ ☐

⑩ $420 \div 7 =$ ☐

⑪ $630 \div 9 =$ ☐

⑫ $160 \div 8 =$ ☐

⑬ $80 \div 2 =$ ☐

⑭ $450 \div 5 =$ ☐

⑮ $420 \div 6 =$ ☐

⑯ $360 \div 4 =$ ☐

⑰ $90 \div 3 =$ ☐

⑱ $350 \div 7 =$ ☐

⑲ $320 \div 8 =$ ☐

⑳ $90 \div 9 =$ ☐

㉑ $810 \div 9 =$ ☐

㉒ $140 \div 7 =$ ☐

㉓ $240 \div 6 =$ ☐

㉔ $100 \div 2 =$ ☐

㉕ $160 \div 4 =$ ☐

㉖ $490 \div 7 =$ ☐

㉗ $280 \div 4 =$ ☐

㉘ $640 \div 8 =$ ☐

㉙ $270 \div 9 =$ ☐

㉚ $400 \div 8 =$ ☐

54단계 5 Day

(몇십)÷(몇), (몇백몇십)÷(몇)

B 월 일 /28

① $2\overline{)60}$ = 30 (일의 자리에 0을 써요.)

② $5\overline{)200}$

③ $3\overline{)120}$

④ $8\overline{)240}$

⑤ $6\overline{)300}$

⑥ $9\overline{)540}$

⑦ $7\overline{)490}$

⑧ $4\overline{)240}$

⑨ $6\overline{)360}$

⑩ $7\overline{)70}$

⑪ $4\overline{)80}$

⑫ $9\overline{)810}$

⑬ $6\overline{)180}$

⑭ $5\overline{)350}$

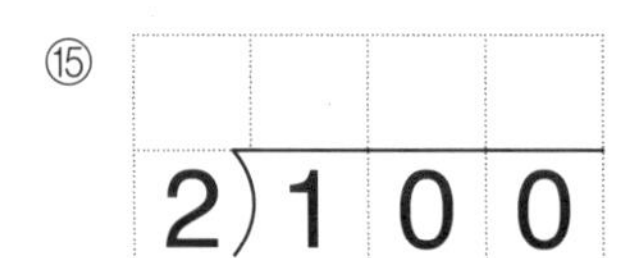

⑮ $2\overline{)100}$

⑯ $9\overline{)270}$

⑰ $8\overline{)640}$

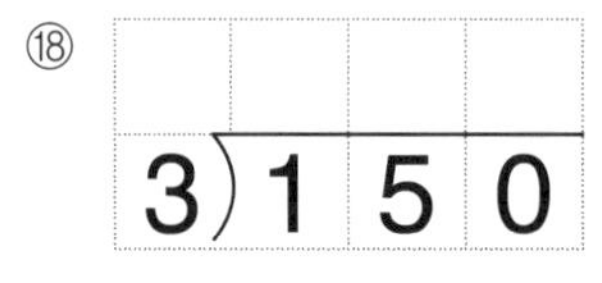

⑱ $3\overline{)150}$

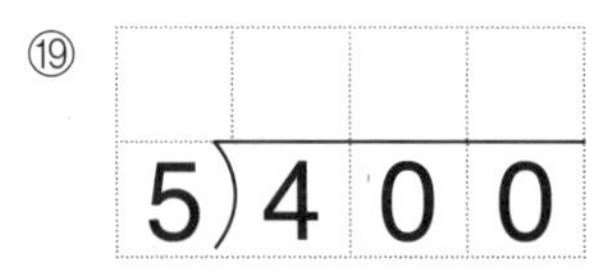

⑲ $5\overline{)400}$

⑳ $4\overline{)280}$

㉑ $8\overline{)720}$

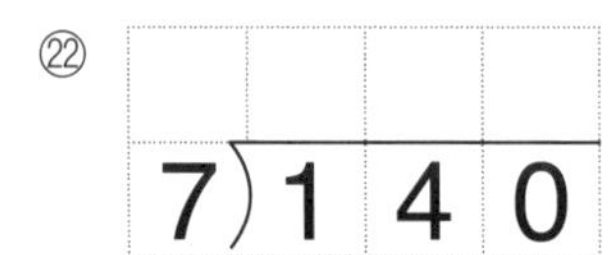

㉒ $7\overline{)140}$

㉓ $5\overline{)250}$

㉔ $4\overline{)160}$

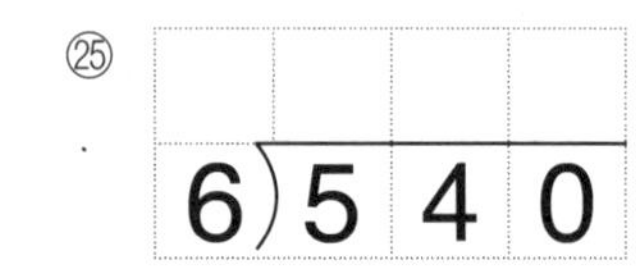

㉕ $6\overline{)540}$

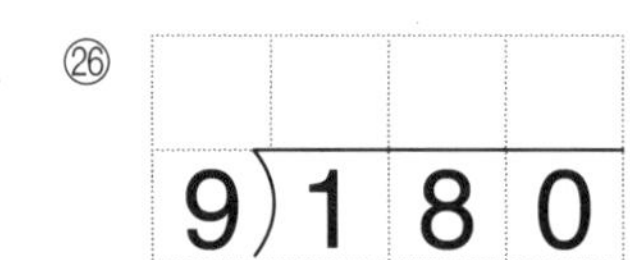

㉖ $9\overline{)180}$

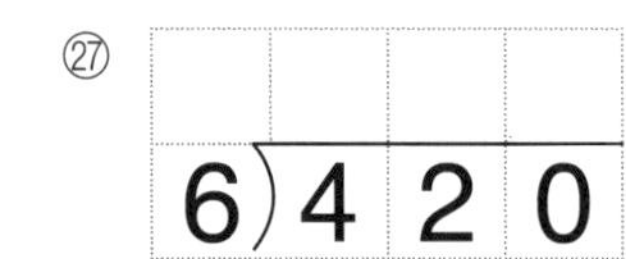

㉗ $6\overline{)420}$

㉘ $2\overline{)120}$

▶ 학습계획 : 매일 공부할 날짜를 정하고, 계획에 맞게 공부하세요.

일차	1일차	2일차	3일차	4일차	5일차
날짜	/	/	/	/	/

▶ 학습연계 : 지금 무엇을 배우는지 확인하고, 이전에 배운 단계와 앞으로 배울 단계를 살펴보세요.

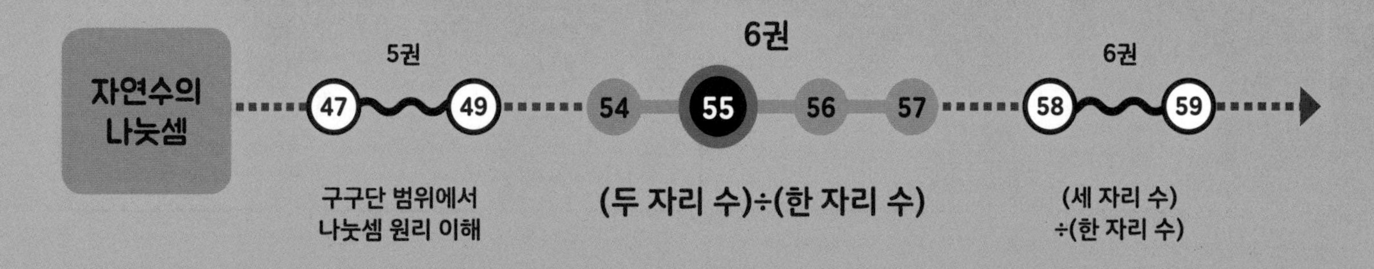

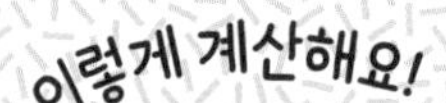

55 (두 자리 수)÷(한 자리 수) ❶

나누어지는 두 자리 수를 십의 자리와 일의 자리로 나누어서 계산해요.

69÷3은 나누어지는 수 69를 60과 9로 나누어서 60÷3과 9÷3을 계산한 후 그 몫을 더하여 구합니다.
나눗셈을 세로로 계산할 때 자리를 맞추어 쓰는 것에 주의하세요.

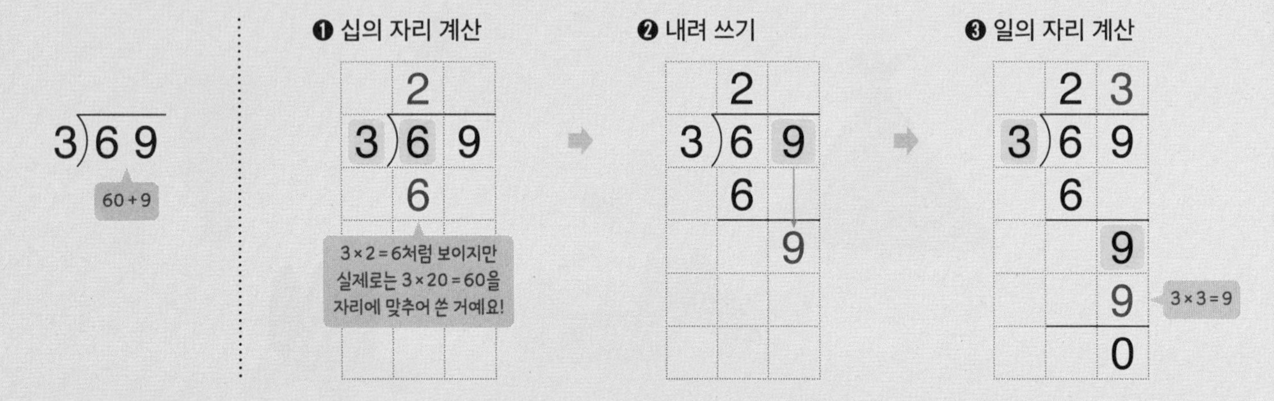

나누고 남은 것을 '나머지'라고 불러요.

★ 나머지는 항상 나누는 수보다 작아야 해요!

나눗셈에서 계산하고 남은 수를 나머지라고 합니다.
나머지가 있는 나눗셈에서 몫은 나머지가 나누는 수보다 작게 되도록 구합니다.

몫
나머지

74÷9=8···2

(두 자리 수)÷(한 자리 수) ❶

십의 자리부터 계산해요.

① $\begin{array}{r} 24 \\ 2\overline{)48} \\ \underline{4} \\ 8 \\ \underline{8} \\ 0 \end{array}$

② $4\overline{)88}$

③ $6\overline{)66}$

④ $4\overline{)48}$

⑤ $5\overline{)55}$

⑥ $9\overline{)99}$

⑦ $2\overline{)68}$

⑧ $7\overline{)77}$

⑨ 
$3\overline{)96}$

⑩ 
$2\overline{)28}$

⑪ $3\overline{)99}$

⑫ 
$2\overline{)46}$

⑬ $8\overline{)88}$

⑭ $4\overline{)84}$

⑮ $2\overline{)84}$

⑯ 
$3\overline{)63}$

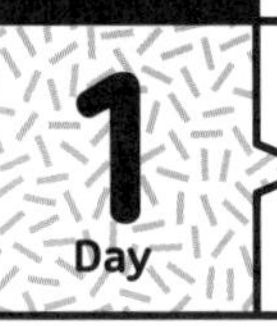

(두 자리 수)÷(한 자리 수) ❶

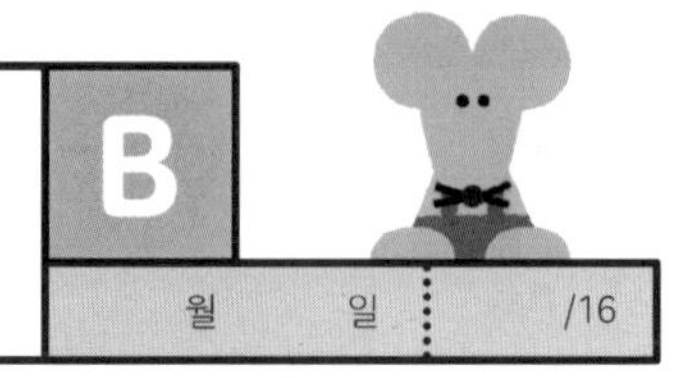

★ 나눗셈의 몫과 나머지를 구하세요.

① $75 \div 9 = 8 \cdots 3$

		8
9)	7	5
	7	2
		3

⑤ $15 \div 7 =$

⑨ $29 \div 5 =$

⑬ $10 \div 8 =$

② $18 \div 5 =$

⑥ $71 \div 9 =$

⑩ $33 \div 7 =$

⑭ $39 \div 6 =$

③ $29 \div 6 =$

⑦ $20 \div 3 =$

⑪ $62 \div 8 =$

⑮ $41 \div 7 =$

④ $37 \div 4 =$

⑧ $42 \div 5 =$

⑫ $31 \div 4 =$

⑯ $23 \div 9 =$

(두 자리 수)÷(한 자리 수) ❶

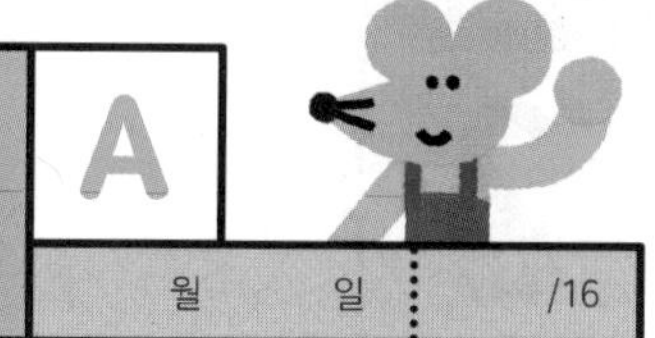

십의 자리부터 계산해요.

① $\begin{array}{r} 31 \\ 3\overline{)93} \\ \underline{9} \\ 3 \\ \underline{3} \\ 0 \end{array}$

② $2\overline{)48}$

③ $9\overline{)99}$

④ $2\overline{)64}$

⑤ $2\overline{)24}$

⑥ $3\overline{)69}$

⑦ $4\overline{)48}$

⑧ $5\overline{)55}$

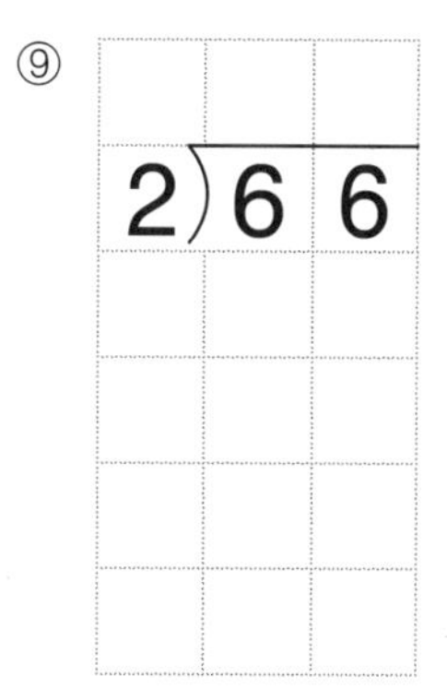

⑨ $2\overline{)66}$

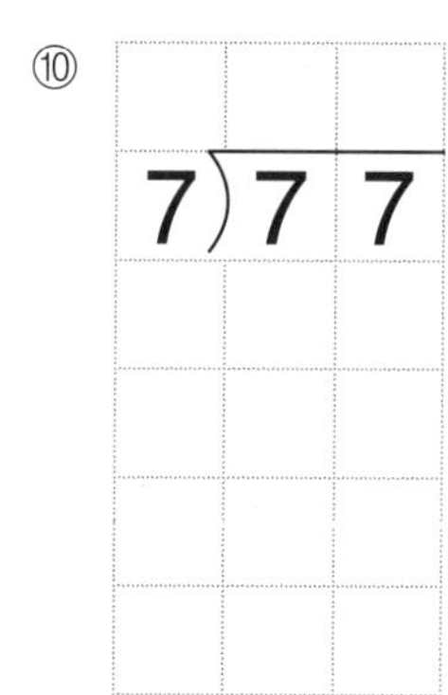

⑩ $7\overline{)77}$

⑪ $3\overline{)39}$

⑫ $2\overline{)86}$

⑬ $6\overline{)66}$

⑭ $2\overline{)42}$

⑮ $8\overline{)88}$

⑯ $3\overline{)66}$

(두 자리 수)÷(한 자리 수) ❶

★ 나눗셈의 몫과 나머지를 구하세요.

① $10 \div 3 = 3 \cdots 1$

		3
3)	1	0
		9
		1

② $17 \div 2 =$

③ $46 \div 5 =$

④ $24 \div 7 =$

⑤ $18 \div 8 =$

⑥ $57 \div 6 =$

⑦ $42 \div 9 =$

⑧ $29 \div 4 =$

⑨ $14 \div 3 =$

⑩ $49 \div 9 =$

⑪ $30 \div 4 =$

⑫ $54 \div 7 =$

⑬ $20 \div 3 =$

⑭ $61 \div 9 =$

⑮ $32 \div 7 =$

⑯ $11 \div 6 =$

55단계

(두 자리 수)÷(한 자리 수) ❶

월 일 /16

십의 자리부터 계산해요.

① $2\overline{)86}$ = 43 (8, 6, 6, 0)

② $6\overline{)66}$

③ $3\overline{)69}$

④ $2\overline{)48}$

⑤ $4\overline{)88}$

⑥ $8\overline{)88}$

⑦ $2\overline{)28}$

⑧ $4\overline{)48}$

⑨ $2\overline{)62}$

⑩ $3\overline{)93}$

⑪ $5\overline{)55}$

⑫ $2\overline{)84}$

⑬ $9\overline{)99}$

⑭ $3\overline{)99}$

⑮ $7\overline{)77}$

⑯ $3\overline{)36}$

(두 자리 수)÷(한 자리 수) ❶

B

월 일 /16

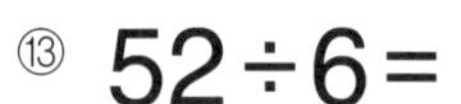

★ 나눗셈의 몫과 나머지를 구하세요.

① $43 \div 9 = 4 \cdots 7$

		4
9)	4	3
	3	6
		7

② $51 \div 6 =$

③ $75 \div 8 =$

④ $34 \div 5 =$

⑤ $18 \div 7 =$

⑥ $23 \div 3 =$

⑦ $45 \div 7 =$

⑧ $13 \div 4 =$

⑨ $19 \div 2 =$

⑩ $41 \div 9 =$

⑪ $54 \div 8 =$

⑫ $46 \div 5 =$

⑬ $52 \div 6 =$

⑭ $83 \div 9 =$

⑮ $25 \div 3 =$

⑯ $17 \div 9 =$

(두 자리 수)÷(한 자리 수) ❶

십의 자리부터 계산해요.

① $\begin{array}{r} 11 \\ 8\overline{)88} \\ 8 \\ \hline 8 \\ 8 \\ \hline 0 \end{array}$

② $3\overline{)96}$

③ $9\overline{)99}$

④ $2\overline{)62}$

⑤ $3\overline{)66}$

⑥ $4\overline{)44}$

⑦ $7\overline{)77}$

⑧ $2\overline{)66}$

⑨ $2\overline{)88}$

⑩ $2\overline{)48}$

⑪ $4\overline{)84}$

⑫ $3\overline{)99}$

⑬ $2\overline{)64}$

⑭ $2\overline{)44}$

⑮ $3\overline{)39}$

⑯ $5\overline{)55}$

(두 자리 수)÷(한 자리 수) ❶

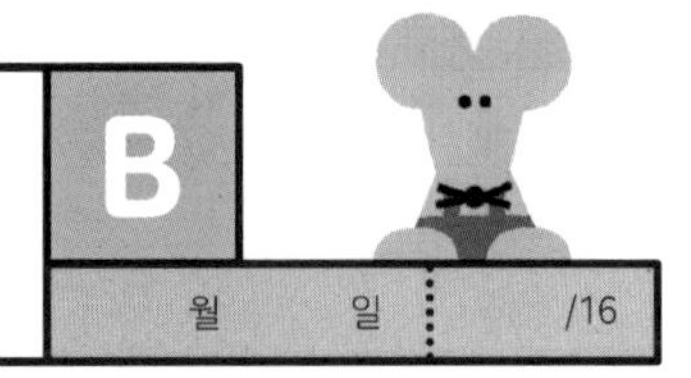

★ 나눗셈의 몫과 나머지를 구하세요.

① 36÷8=4···4

		4
8)	3	6
	3	2
		4

② 62÷9=

③ 27÷4=

④ 19÷2=

⑤ 27÷5=

⑥ 23÷6=

⑦ 37÷4=

⑧ 10÷3=

⑨ 30÷7=

⑩ 34÷9=

⑪ 51÷7=

⑫ 21÷6=

⑬ 42÷8=

⑭ 16÷9=

⑮ 11÷3=

⑯ 53÷6=

(두 자리 수)÷(한 자리 수) ❶

십의 자리부터 계산해요.

① $2\overline{)26}$ = 13 (2, 6, 6, 0)

② $3\overline{)63}$

③ $8\overline{)88}$

④ $5\overline{)55}$

⑤ $4\overline{)44}$

⑥ $2\overline{)48}$

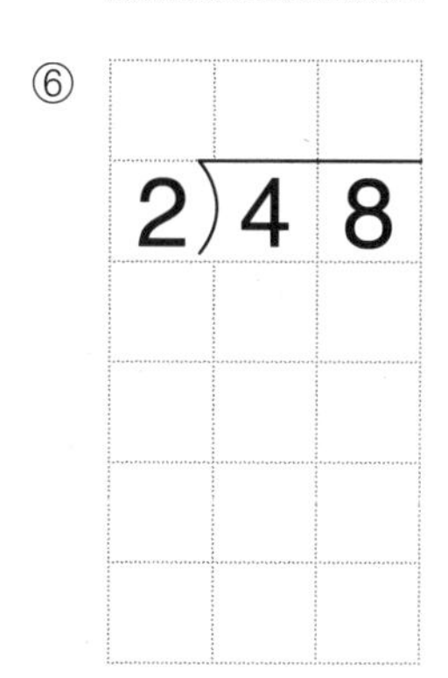

⑦ $4\overline{)88}$

⑧ $9\overline{)99}$

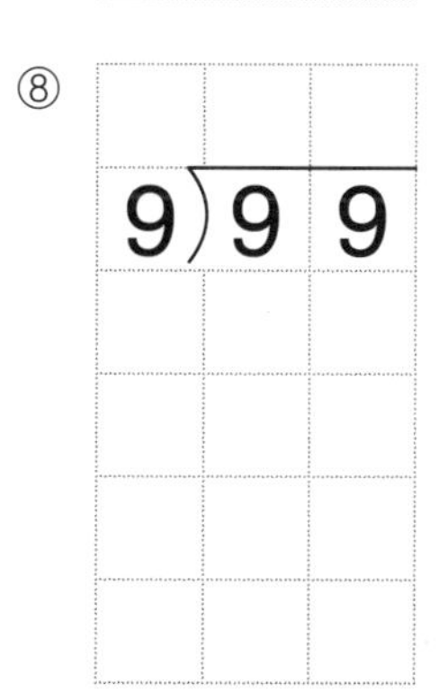

⑨ $2\overline{)68}$

⑩ $7\overline{)77}$

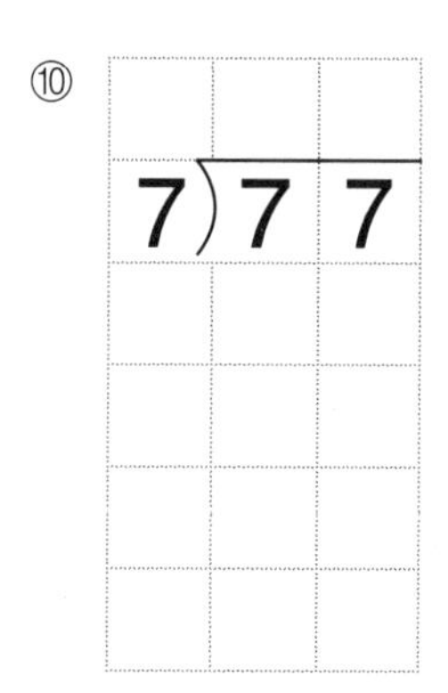

⑪ $2\overline{)82}$

⑫ $2\overline{)86}$

⑬ $6\overline{)66}$

⑭ $2\overline{)88}$

⑮ $3\overline{)99}$

⑯ $2\overline{)64}$

55단계

(두 자리 수)÷(한 자리 수) ❶

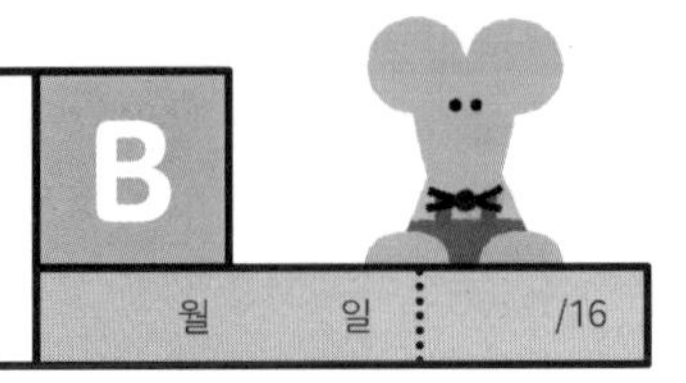

★ 나눗셈의 몫과 나머지를 구하세요.

① $35 \div 6 = 5 \cdots 5$

$$\begin{array}{r} 5 \\ 6\overline{)35} \\ 30 \\ \hline 5 \end{array}$$

② $71 \div 8 =$

③ $11 \div 2 =$

④ $13 \div 3 =$

⑤ $18 \div 5 =$

⑥ $89 \div 9 =$

⑦ $50 \div 7 =$

⑧ $18 \div 4 =$

⑨ $39 \div 5 =$

⑩ $13 \div 4 =$

⑪ $24 \div 9 =$

⑫ $51 \div 8 =$

⑬ $37 \div 7 =$

⑭ $41 \div 6 =$

⑮ $20 \div 8 =$

⑯ $33 \div 9 =$

▶ 학습계획 : 매일 공부할 날짜를 정하고, 계획에 맞게 공부하세요.

일차	1일차	2일차	3일차	4일차	5일차
날짜	/	/	/	/	/

▶ 학습연계 : 지금 무엇을 배우는지 확인하고, 이전에 배운 단계와 앞으로 배울 단계를 살펴보세요.

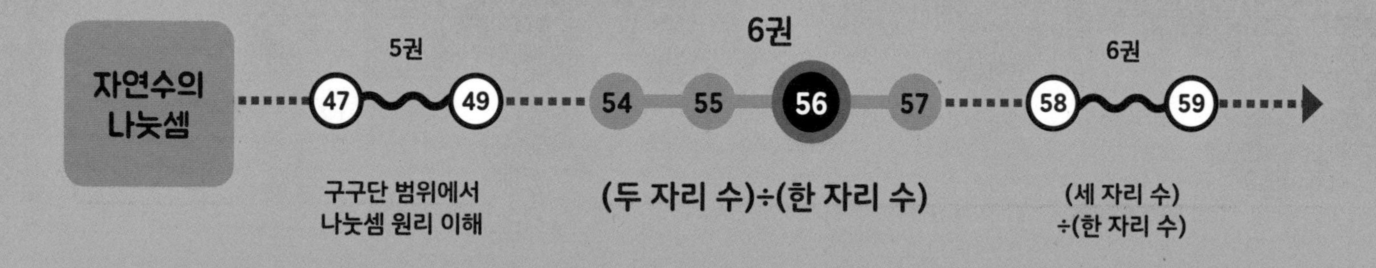

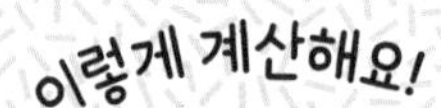

56 (두 자리 수)÷(한 자리 수) ❷

일의 자리를 계산할 때 십의 자리에서 남은 것까지 묶어서 계산해요.

곱셈은 일의 자리부터 계산하지만, 나눗셈은 십의 자리부터 계산해요.
이때 십의 자리 계산에서 나머지가 생기면 일의 자리 수와 더하여 몫을 구합니다.

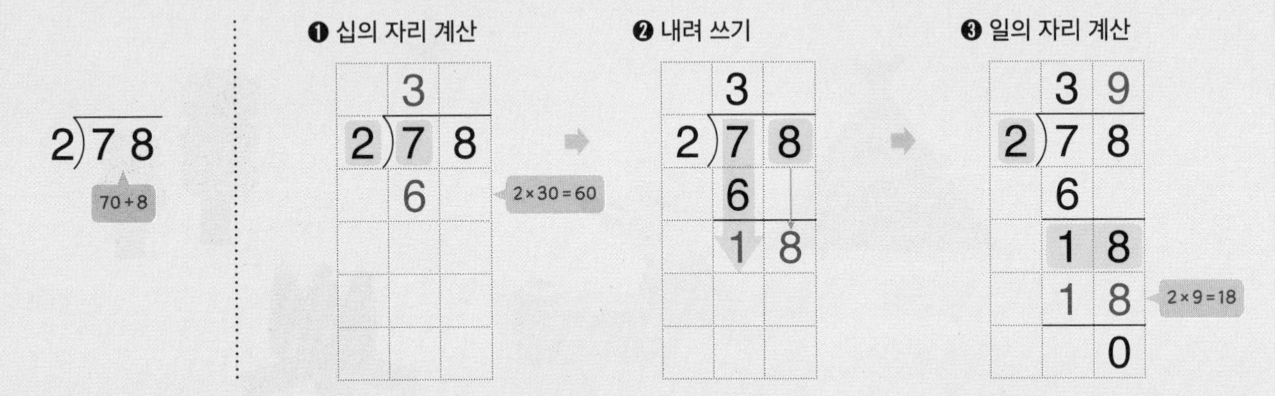

나머지가 0이면 나누어떨어진다고 해요.

78÷2를 계산하면 몫이 39이고 나머지가 0, 즉 나머지가 없어요.
이때 78은 2로 나누어떨어진다고 합니다.

78÷2=39

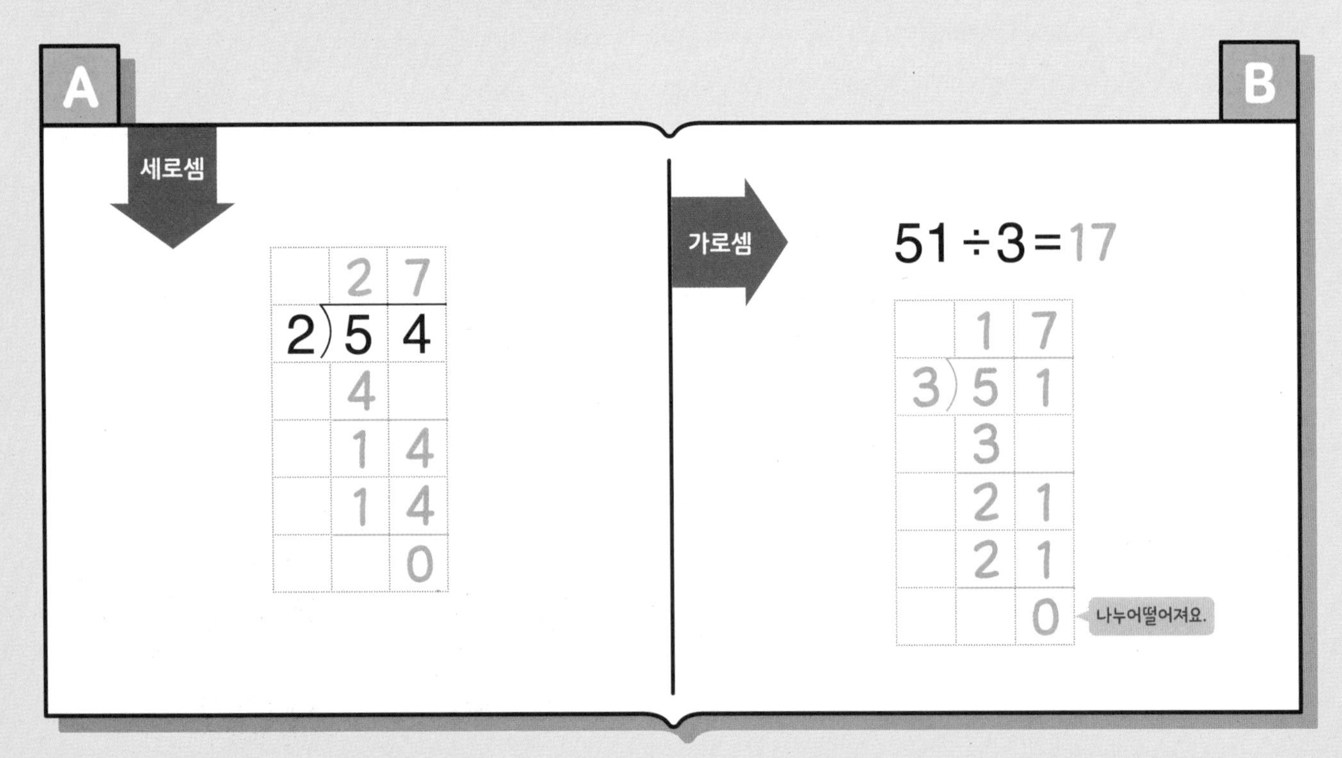

(두 자리 수)÷(한 자리 수) ❷

① $72 \div 2$

```
    3 6
2 ) 7 2
    6
    1 2
    1 2
      0
```

십의 자리에서 남은 수를 내려 써요.

② 5)80

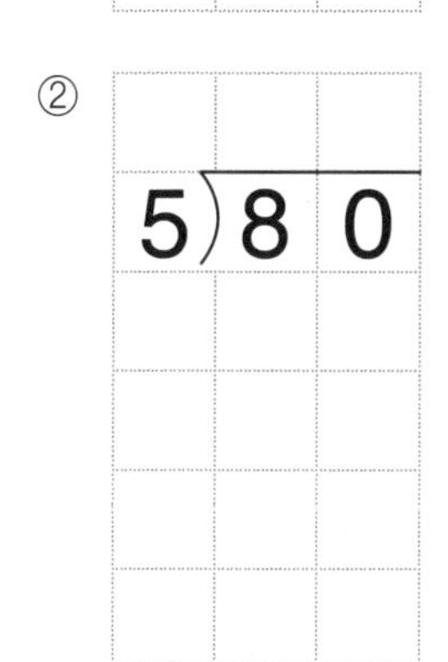

③ 4)56

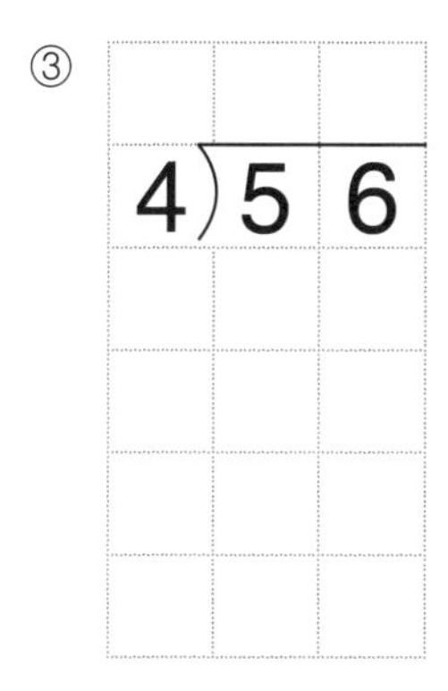

④ 3)78

⑤ 6)84

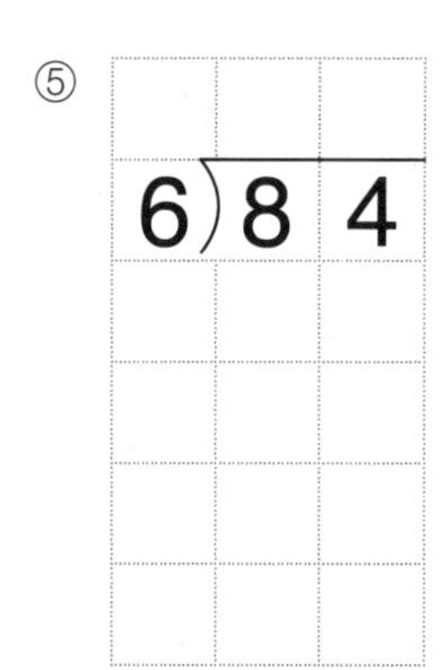

⑥ 7)98

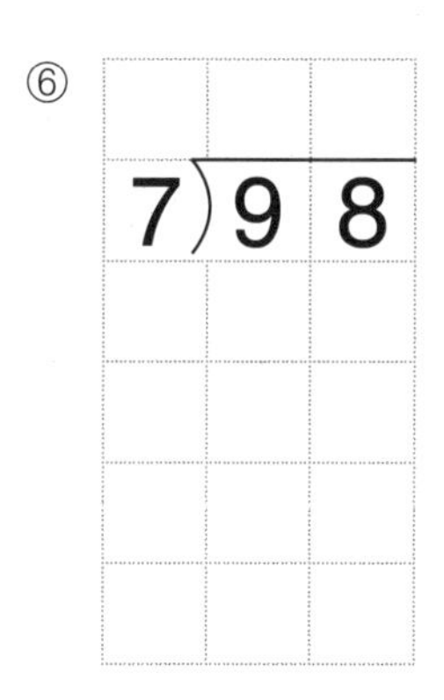

⑦ 8)96

⑧ 3)42

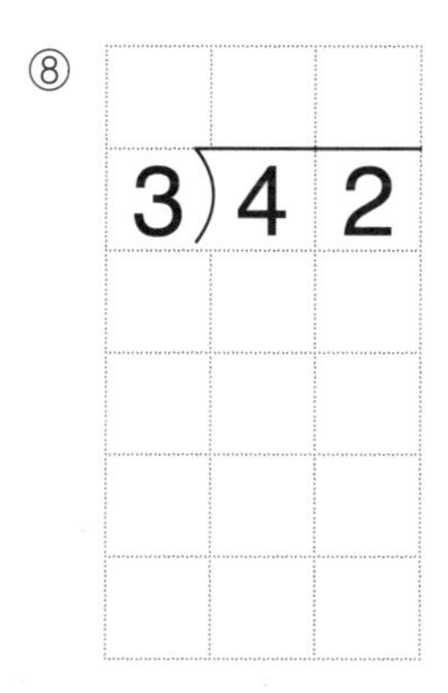

⑨ 4)92

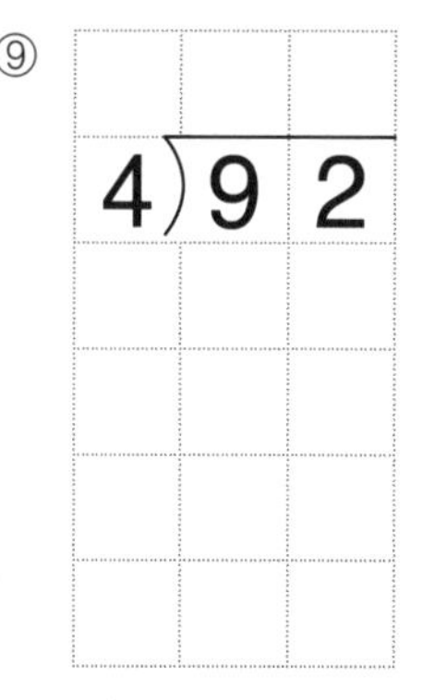

⑩ 2)34

⑪ 3)54

⑫ 7)91

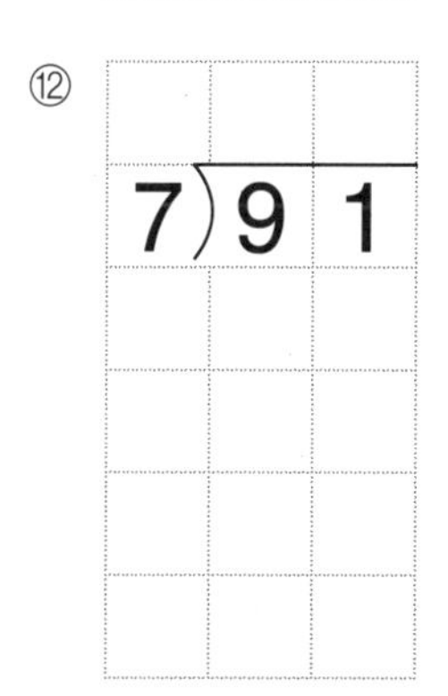

⑬ 2)52

⑭ 6)72

⑮ 3)81

⑯ 5)65

(두 자리 수)÷(한 자리 수) ❷

① $90 \div 5 =$

④ $64 \div 4 =$

⑦ $84 \div 3 =$

⑩ $51 \div 3 =$

② $45 \div 3 =$

⑤ $78 \div 6 =$

⑧ $96 \div 4 =$

⑪ $58 \div 2 =$

③ $95 \div 5 =$

⑥ $98 \div 2 =$

⑨ $76 \div 2 =$

⑫ $60 \div 5 =$

(두 자리 수)÷(한 자리 수) ②

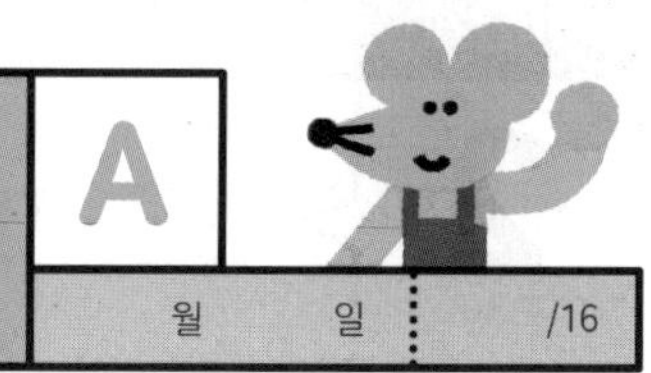

월 일 /16

① 5)80 = 16

```
   1 6
5)8 0
  5
  3 0
  3 0
    0
```

십의 자리에서 남은 수를 내려 써요.

② 6)90

③ 3)87

④ 2)92

⑤ 6)96

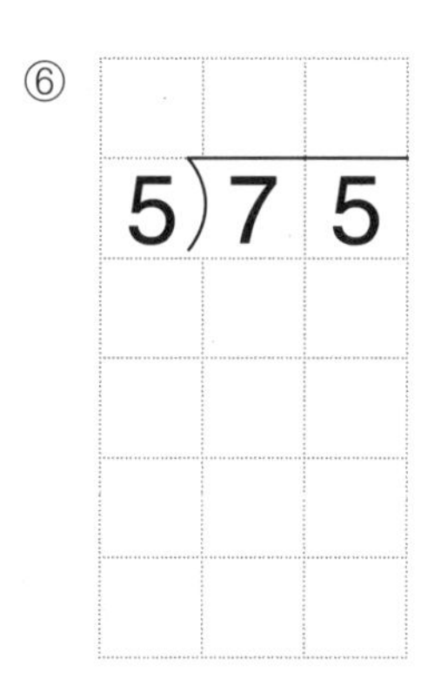

⑥ 5)75

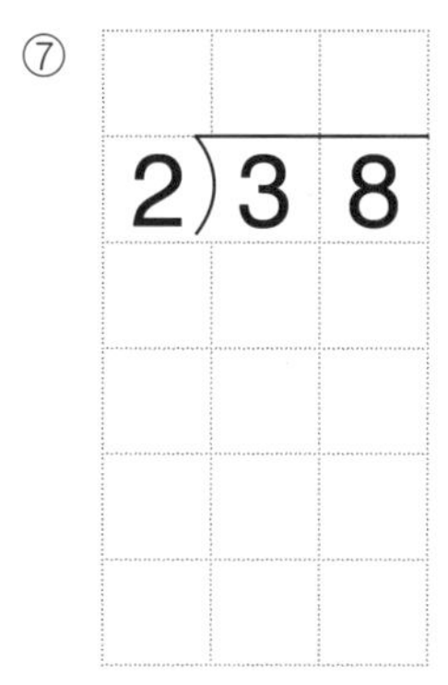

⑦ 2)38

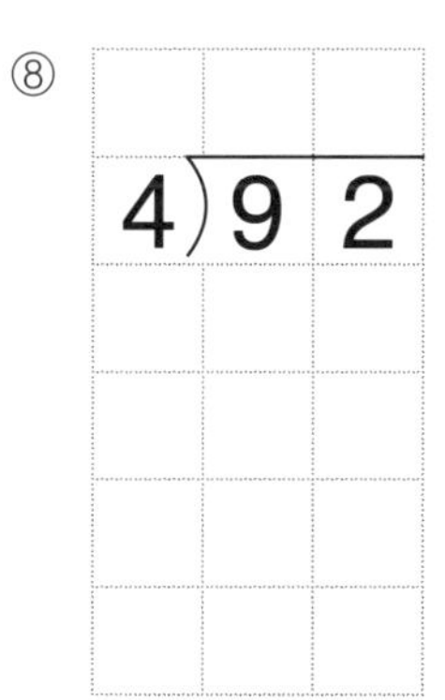

⑧ 4)92

⑨ 3)57

⑩ 2)78

⑪ 7)98

⑫ 4)76

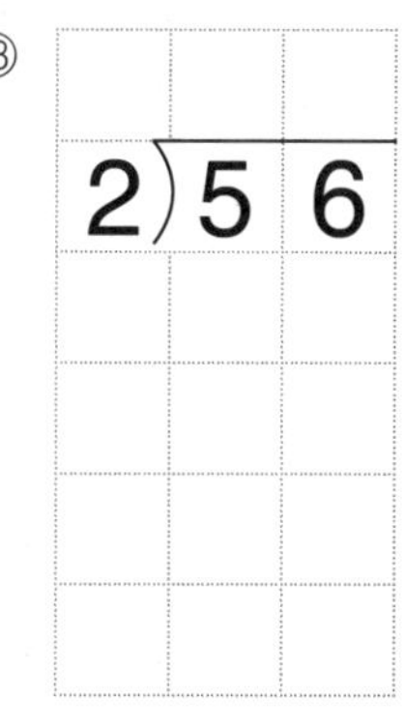

⑬ 2)56

⑭ 3)42

⑮ 4)68

⑯ 7)84

(두 자리 수)÷(한 자리 수) ❷

① $90 \div 2 =$

② $65 \div 5 =$

③ $54 \div 2 =$

④ $52 \div 4 =$

⑤ $72 \div 3 =$

⑥ $48 \div 3 =$

⑦ $34 \div 2 =$

⑧ $60 \div 4 =$

⑨ $74 \div 2 =$

⑩ $75 \div 3 =$

⑪ $91 \div 7 =$

⑫ $96 \div 8 =$

56단계

(두 자리 수)÷(한 자리 수) ❷

①

```
   1 5
5)7 5
  5
  2 5
  2 5
    0
```

십의 자리에서 남은 수를 내려 써요.

② 5)90

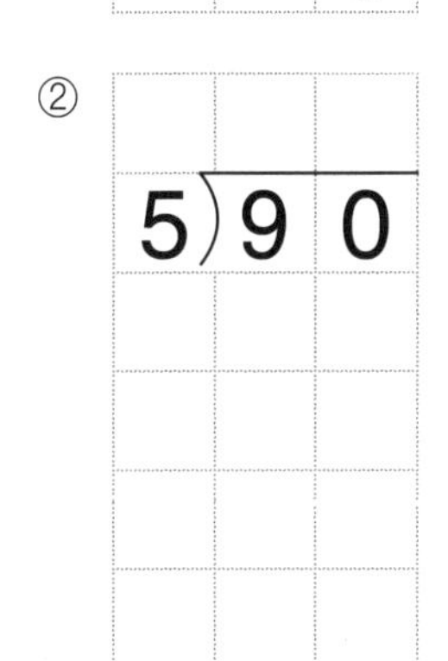

③ 2)50

④ 3)84

⑤ 2)92

⑥ 6)84

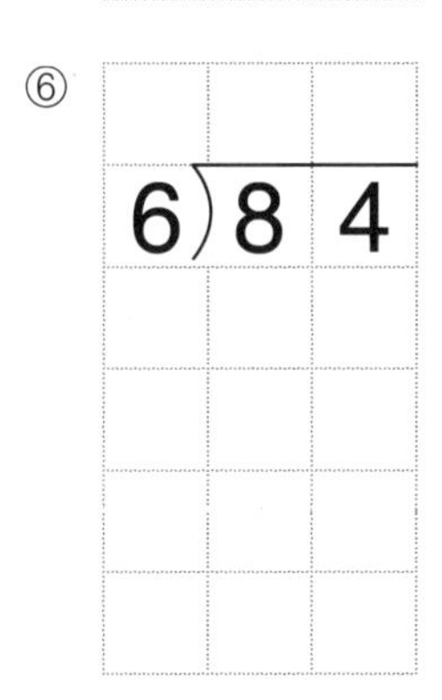

⑦ 4)72

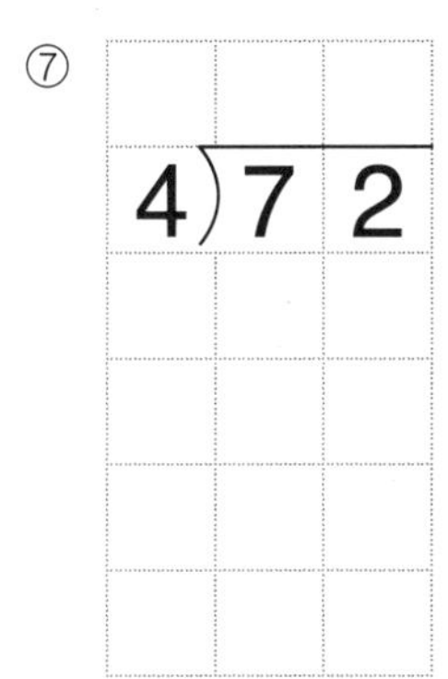

⑧ 5)85

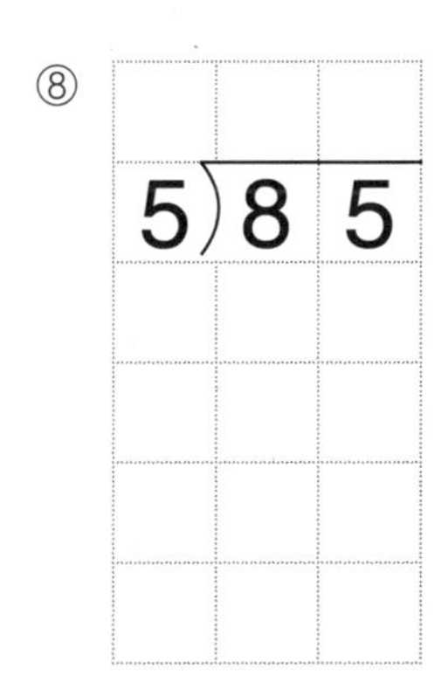

⑨ 4)56

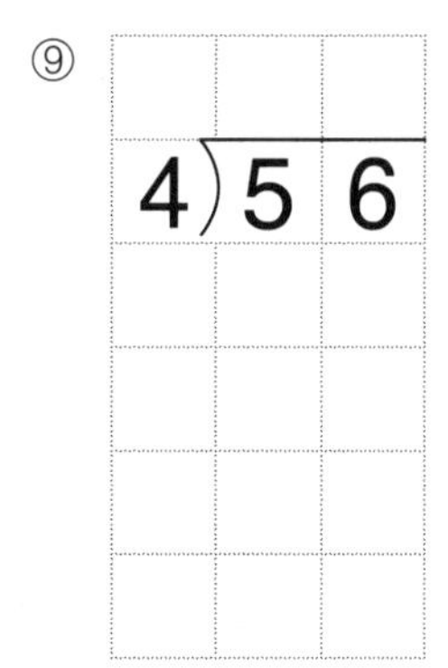

⑩ 2)36

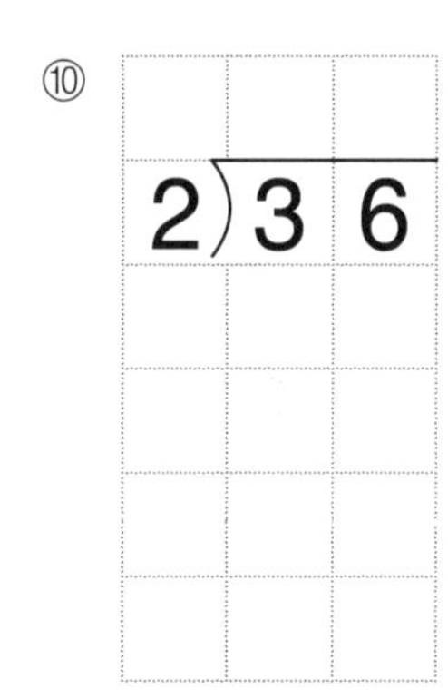

⑪ 3)78

⑫ 2)70

⑬ 7)98

⑭ 5)70

⑮ 4)64

⑯ 3)51

(두 자리 수)÷(한 자리 수) ❷

① $60 \div 4 =$

② $87 \div 3 =$

③ $72 \div 6 =$

④ $90 \div 6 =$

⑤ $78 \div 2 =$

⑥ $65 \div 5 =$

⑦ $54 \div 3 =$

⑧ $94 \div 2 =$

⑨ $75 \div 3 =$

⑩ $56 \div 2 =$

⑪ $45 \div 3 =$

⑫ $92 \div 4 =$

(두 자리 수)÷(한 자리 수) ②

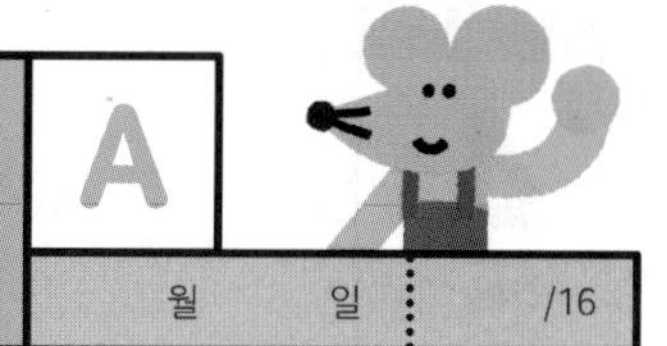

① $5\overline{)60}$ = 12

	1	2
5)	6	0
	5	
	1	0
	1	0
		0

십의 자리에서 남은 수를 내려 써요.

② $4\overline{)72}$

③ $3\overline{)57}$

④ $2\overline{)34}$

⑤
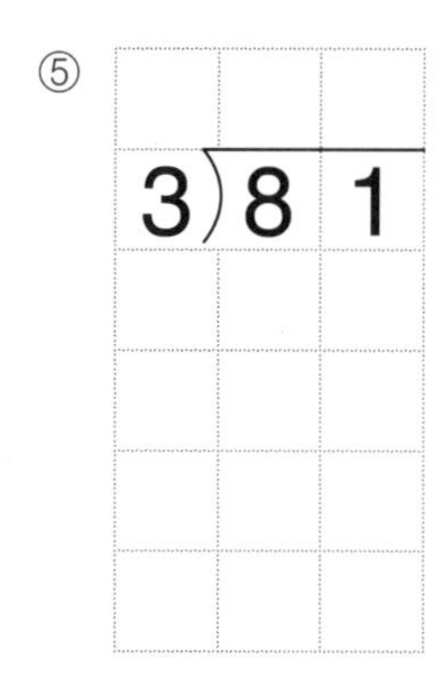

⑥
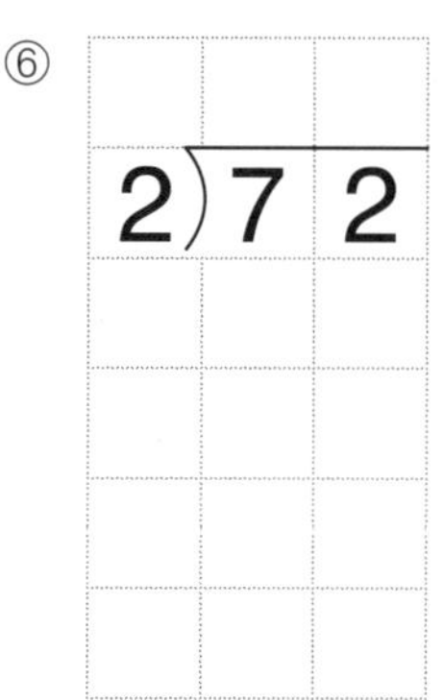

⑦
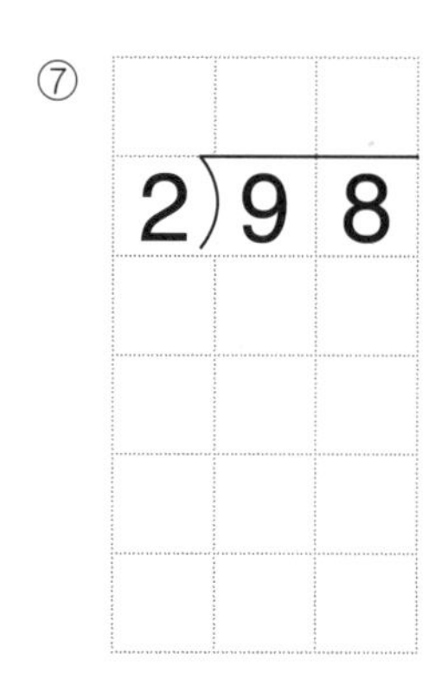

⑧
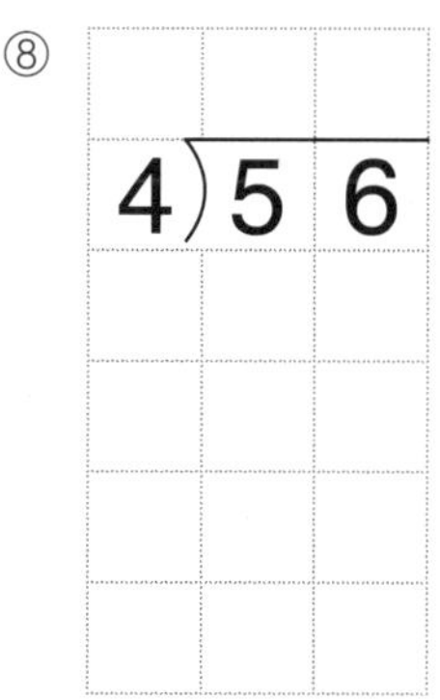

⑨
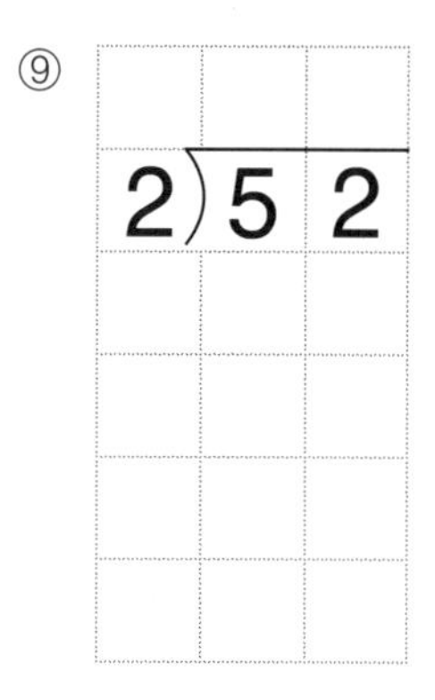

⑩
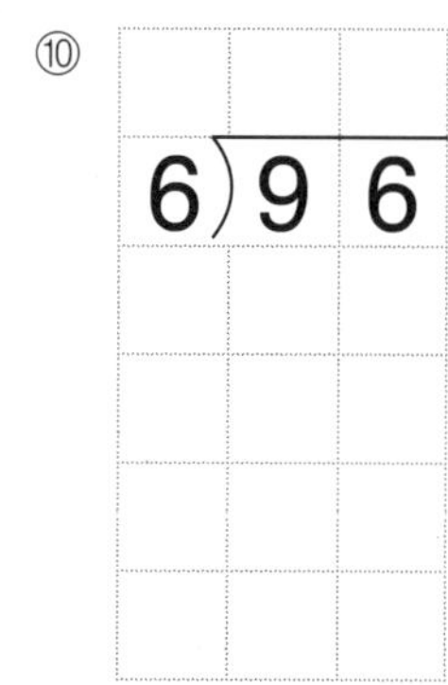

⑪ $3\overline{)48}$

⑫ $2\overline{)74}$

⑬

⑭

⑮ $2\overline{)38}$

⑯ $4\overline{)68}$

(두 자리 수)÷(한 자리 수) ❷

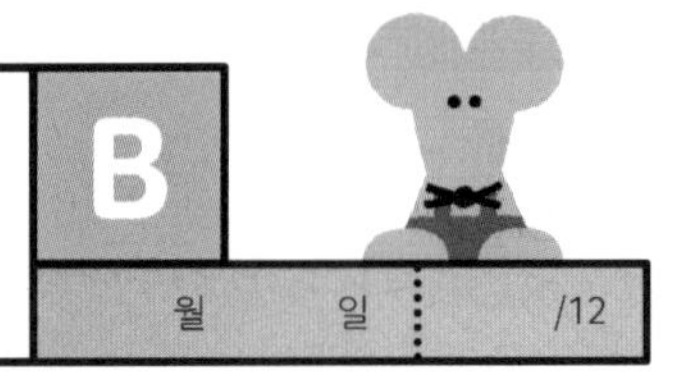

① $70 \div 2 =$

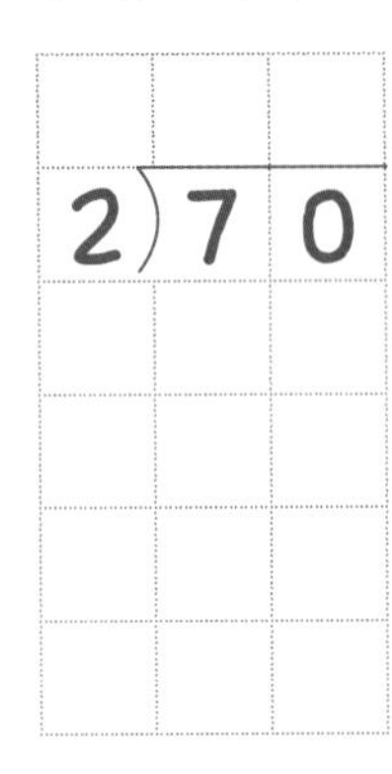

④ $78 \div 3 =$

⑦ $56 \div 2 =$

⑩ $96 \div 4 =$

② $32 \div 2 =$

⑤ $87 \div 3 =$

⑧ $75 \div 3 =$

⑪ $42 \div 3 =$

③ $70 \div 5 =$

⑥ $94 \div 2 =$

⑨ $84 \div 3 =$

⑫ $84 \div 7 =$

(두 자리 수)÷(한 자리 수) ❷

① 5)90 → 18

	1	8
5)	9	0
	5	
	4	0
	4	0
		0

십의 자리에서 남은 수를 내려 써요.

② 2)90

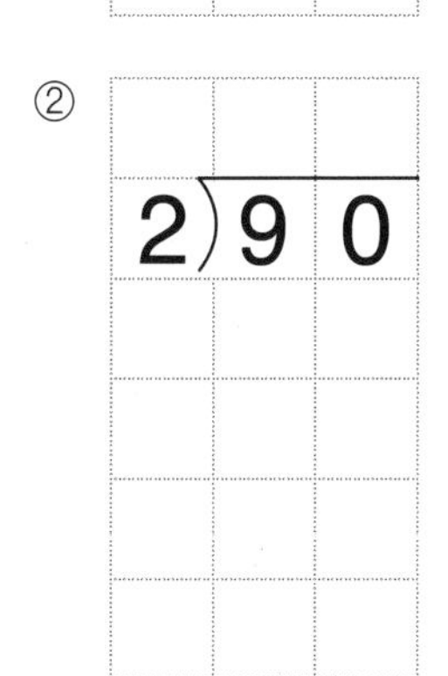

③ 4)64

④ 2)74

⑤ 6)78

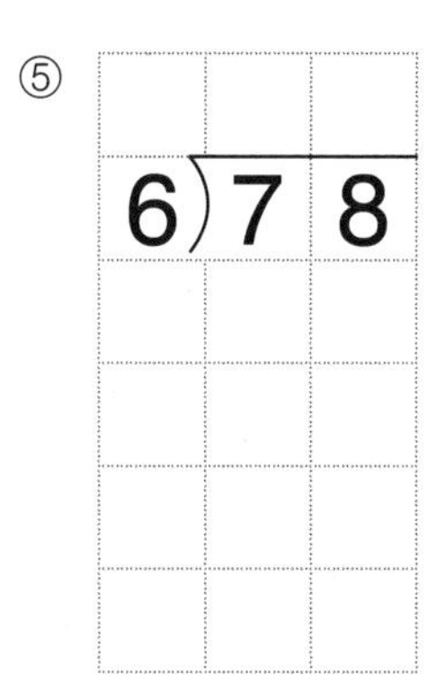

⑥ 4)92

⑦ 3)51

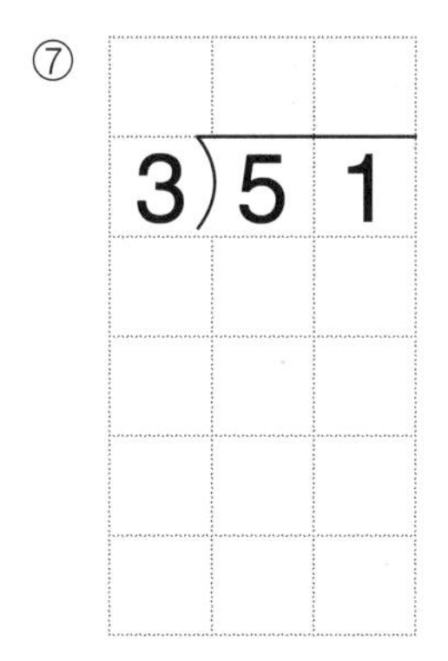

⑧ 2)38

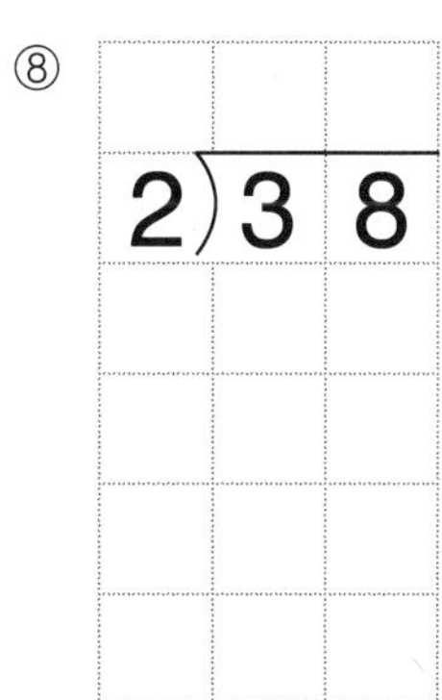

⑨ 4)76

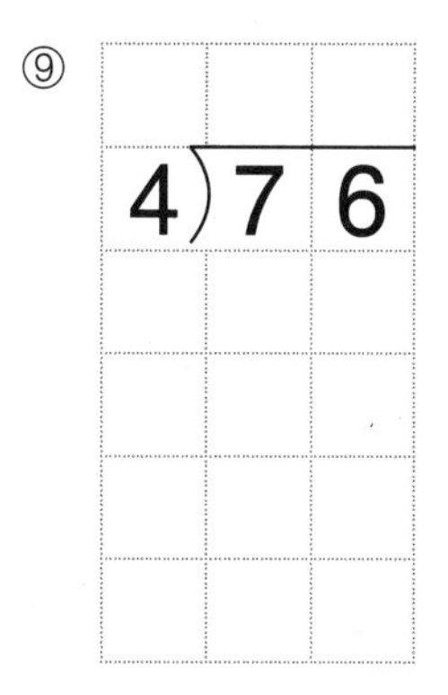

⑩ 2)78

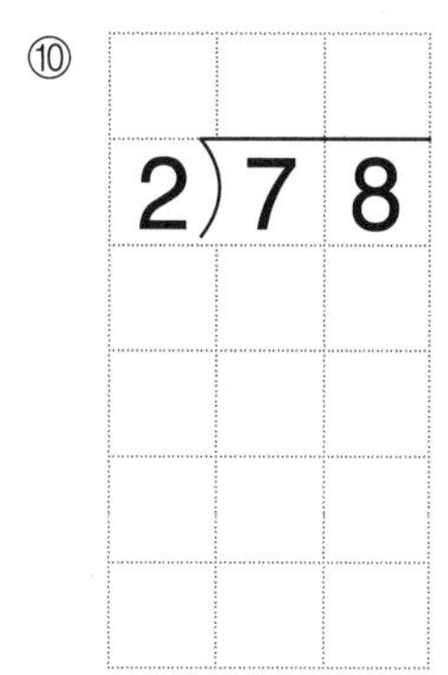

⑪ 4)52

⑫ 3)72

⑬ 3)48

⑭ 8)96

⑮ 5)95

⑯ 2)92

(두 자리 수)÷(한 자리 수) ❷

① 50÷2=

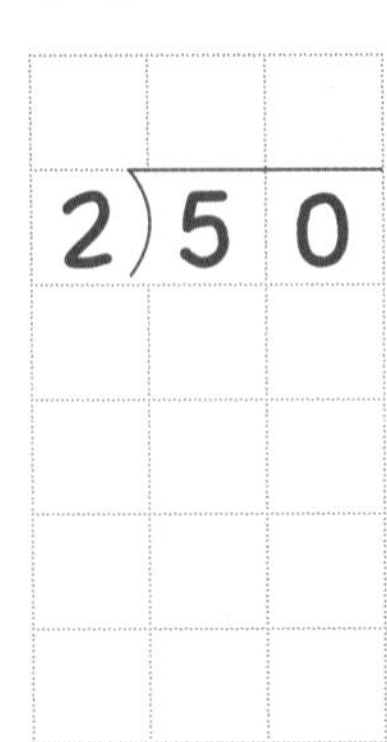

④ 54÷2=

⑦ 90÷6=

⑩ 60÷5=

② 85÷5=

⑤ 81÷3=

⑧ 32÷2=

⑪ 98÷7=

③ 57÷3=

⑥ 72÷4=

⑨ 76÷2=

⑫ 45÷3=

57 단계 (두 자리 수)÷(한 자리 수) ③

▶ **학습계획 :** 매일 공부할 날짜를 정하고, 계획에 맞게 공부하세요.

일차	1일차	2일차	3일차	4일차	5일차
날짜	/	/	/	/	/

▶ **학습연계 :** 지금 무엇을 배우는지 확인하고, 이전에 배운 단계와 앞으로 배울 단계를 살펴보세요.

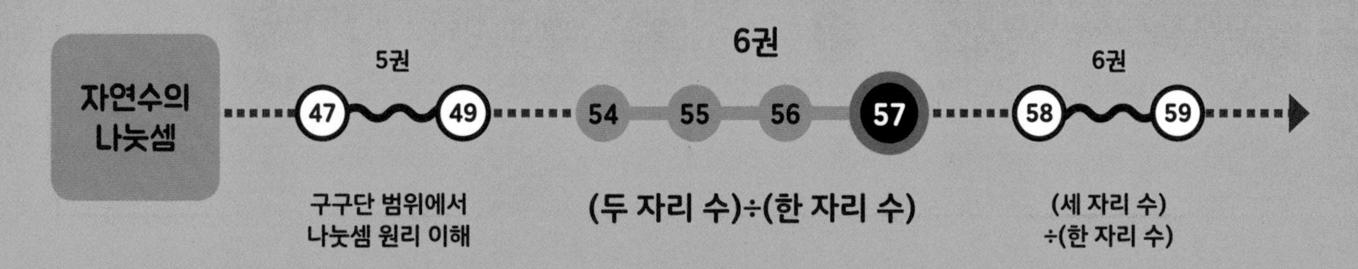

이렇게 계산해요!

57 (두 자리 수)÷(한 자리 수) ❸

나눗셈을 한 다음 두 가지를 확인해요.

나눗셈을 한 다음 1 나머지가 나누는 수보다 작은지 2 계산이 맞는지 확인합니다.
나누는 수와 몫의 곱에 나머지를 더했을 때 나누어지는 수가 되면 맞게 계산한 거예요.

4)62 (60+2)

❶ 십의 자리 계산

	1	
4)	6	2
	4	

4×10=40

❷ 내려 쓰기

	1	
4)	6	2
	4	↓
	2	2

❸ 일의 자리 계산

	1	5
4)	6	2
	4	
	2	2
	2	0
		2

4×5=20

1 나누는 수 4보다 작아요.

➡ 62÷4=15…2

2 확인 4×15=60, 60+2=62

나누는 수 / 몫 / 나머지 / 나누어지는 수

A 세로셈

	2	2
4)	9	1
	8	
	1	1
		8
		3

B 가로셈

93÷2=46…1

	4	6
2)	9	3
	8	
	1	3
	1	2
		1

57단계 1 Day

(두 자리 수)÷(한 자리 수) ③

A

월 일 /16

① 4)86

	2	1
4	8	6
	8	
		6
		4
		2

← 나누는 수 4보다 작아요.

② 3)95

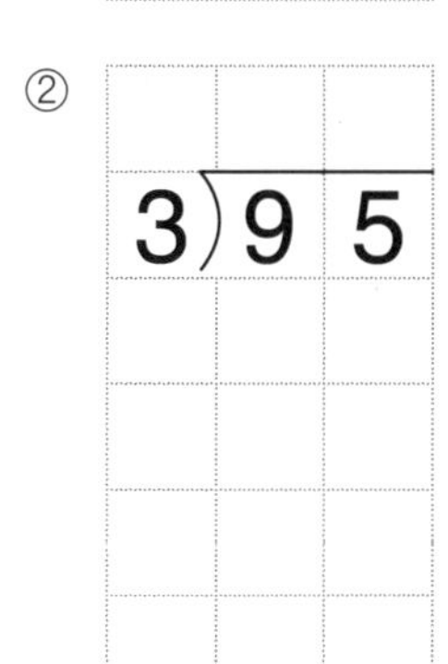

③ 8)89

④ 2)79

⑤ 5)64

⑥ 6)79

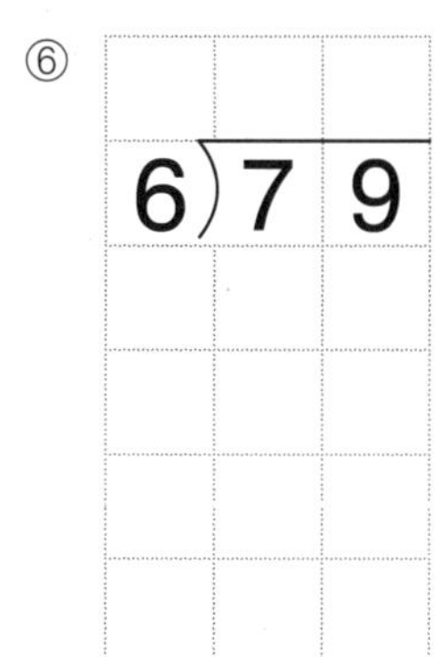

⑦ 4)97

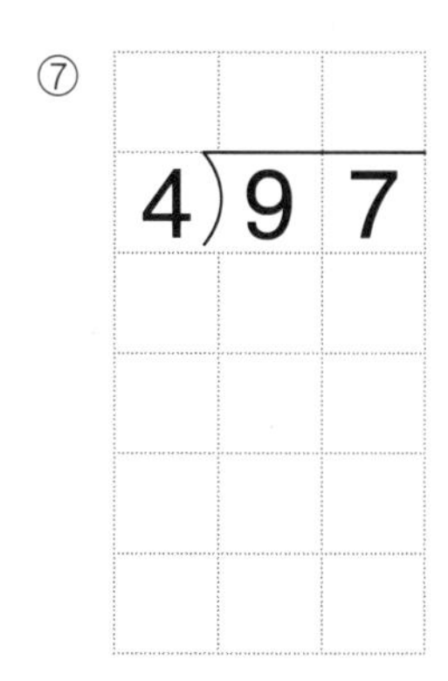

⑧ 3)47

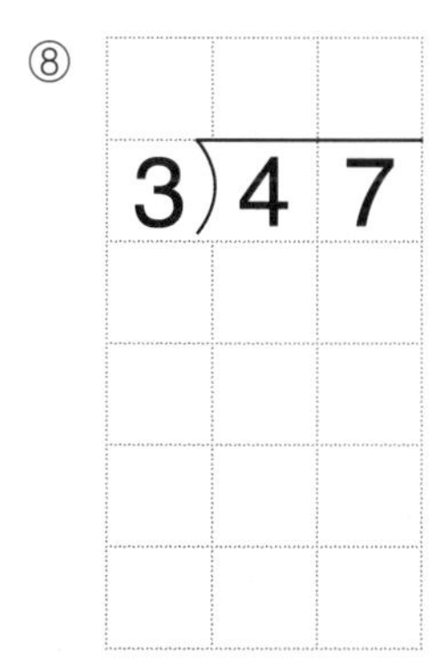

⑨ 2)83

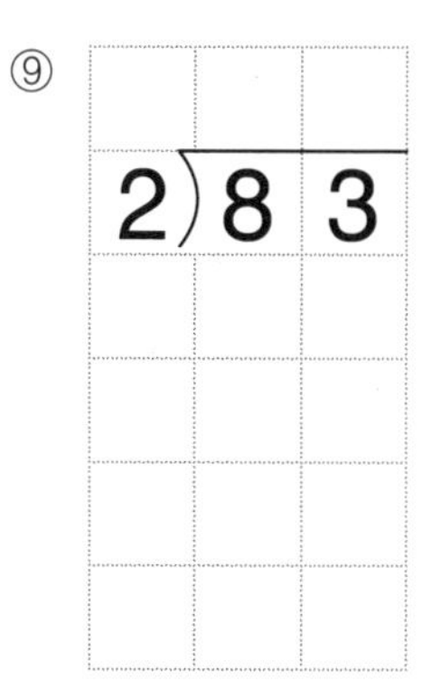

⑩ 4)75

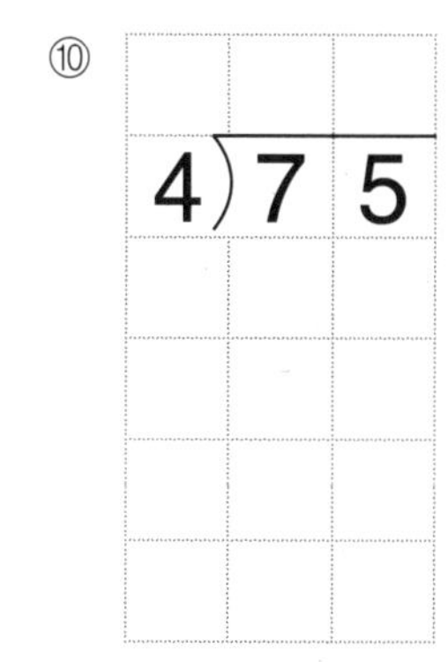

⑪ 5)71

⑫ 7)93

⑬ 3)80

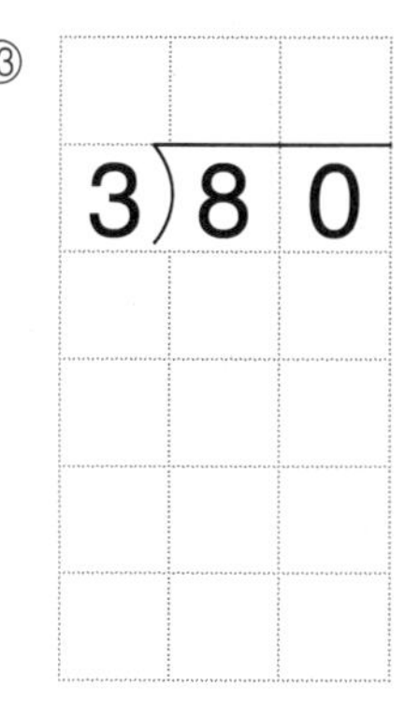

⑭ 8)95

⑮ 6)70

⑯ 6)81

(두 자리 수)÷(한 자리 수) ③

① $41 \div 2 = 20 \cdots 1$

	2	0
2)	4	1
	4	
		1

1을 2로 나눌 수 없으므로 몫의 일의 자리에 0을 써요.

② $34 \div 3 =$

③ $59 \div 5 =$

④ $96 \div 7 =$

⑤ $55 \div 4 =$

⑥ $73 \div 2 =$

⑦ $92 \div 8 =$

⑧ $89 \div 6 =$

⑨ $77 \div 4 =$

⑩ $50 \div 4 =$

⑪ $93 \div 8 =$

⑫ $91 \div 5 =$

(두 자리 수)÷(한 자리 수) ③

A

월 일 /16

① 4)45 (example): quotient 11; 4 under the 4; 5 brought down; 4 subtracted; remainder 1 ← 나누는 수 4보다 작아요.

② 2)29

③ 3)52

④ 5)54

⑤ 7)79

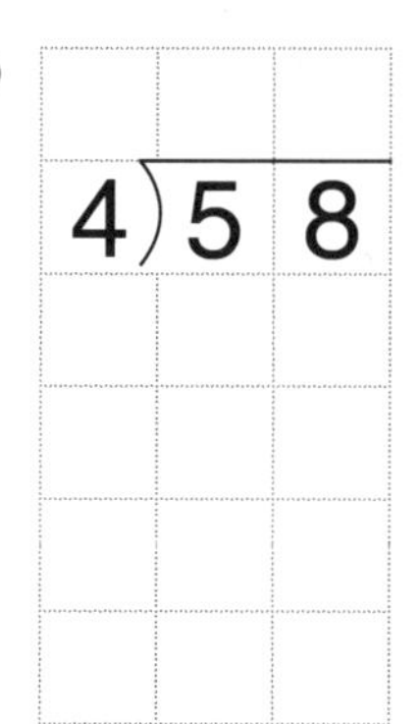

⑦ 2)95

⑧ 3)85

⑨ 5)68

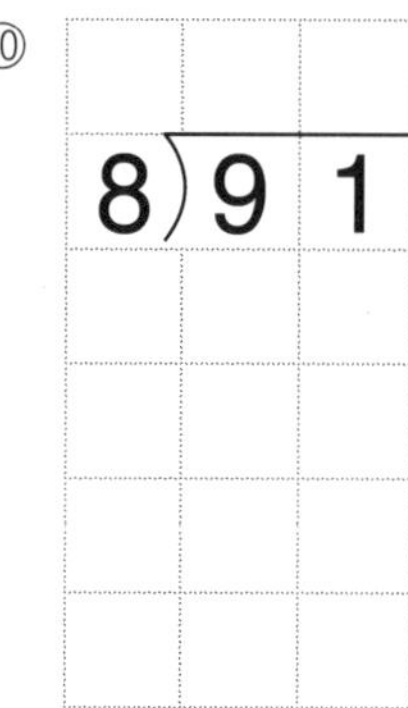

⑪ 6)75

⑫ 2)61

⑬ 3)71

⑮ 7)81

⑯ 6)82

57단계

(두 자리 수)÷(한 자리 수) ③

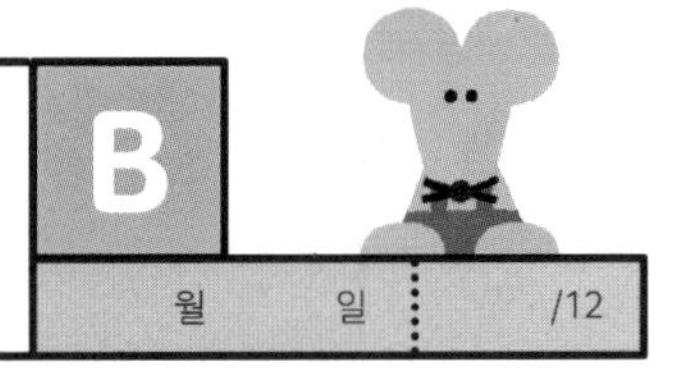

① $99 \div 8 = 12 \cdots 3$

	1	2
8)	9	9
	8	
	1	9
	1	6
		3

② $85 \div 4 =$

③ $63 \div 2 =$

④ $88 \div 5 =$

⑤ $64 \div 3 =$

⑥ $97 \div 5 =$

⑦ $74 \div 6 =$

⑧ $95 \div 9 =$

⑨ $66 \div 4 =$

⑩ $95 \div 4 =$

⑪ $40 \div 3 =$

⑫ $83 \div 3 =$

(두 자리 수)÷(한 자리 수) ③

월 일 /16

① $2\overline{)85}$ = 42 … 1

	4	2
2)	8	5
	8	
		5
		4
		1

← 나누는 수 2보다 작아요.

② $4\overline{)47}$

③ $8\overline{)89}$

④ $7\overline{)87}$

⑤ $3\overline{)38}$

⑥ $2\overline{)57}$

⑦ $7\overline{)95}$

⑧
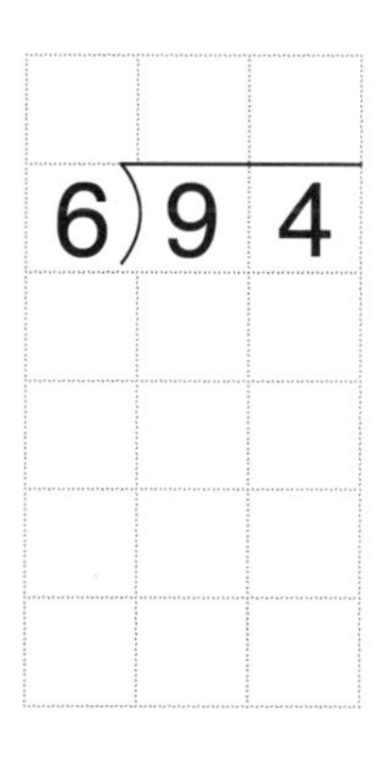

⑨ $4\overline{)78}$

⑩
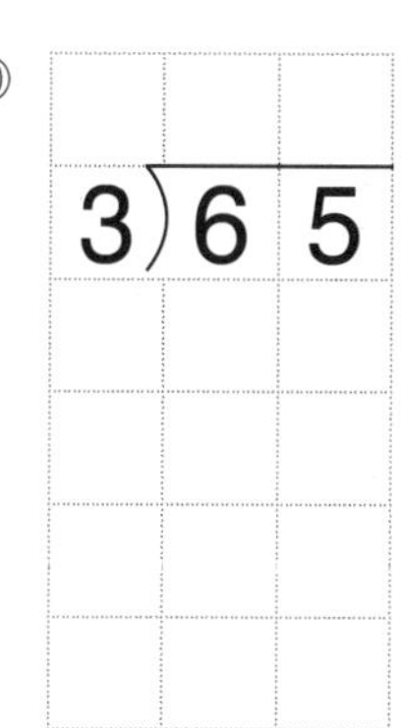

⑪ $2\overline{)71}$

⑫ $5\overline{)96}$

⑬

⑭ $7\overline{)90}$

⑮ $5\overline{)81}$

⑯

(두 자리 수)÷(한 자리 수) ③

① $81 \div 2 = 40 \cdots 1$

	4	0
2)	8	1
	8	
		1

1을 2로 나눌 수 없으므로 몫의 일의 자리에 0을 써요.

② $64 \div 6 =$

③ $88 \div 3 =$

④ $93 \div 2 =$

⑤ $67 \div 5 =$

⑥ $99 \div 7 =$

⑦ $90 \div 8 =$

⑧ $53 \div 3 =$

⑨ $94 \div 4 =$

⑩ $97 \div 8 =$

⑪ $82 \div 7 =$

⑫ $71 \div 4 =$

(두 자리 수)÷(한 자리 수) ③

A

월 일 /16

①
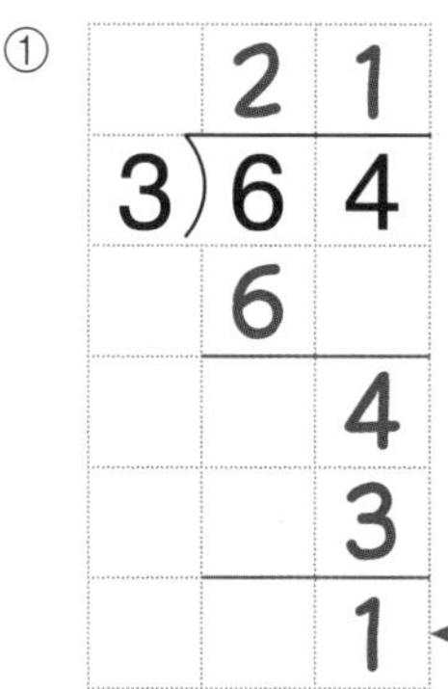

← 나누는 수 3보다 작아요.

②
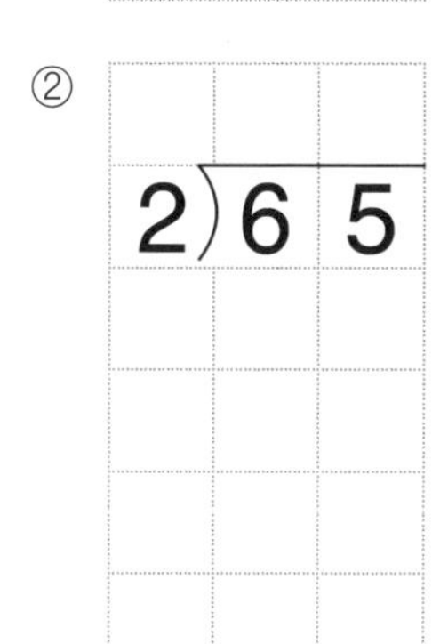

③
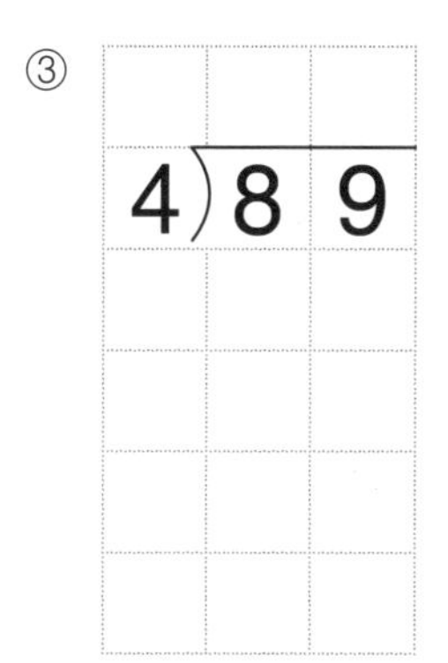

④ 5)7 3

⑤ 8)9 8

⑥
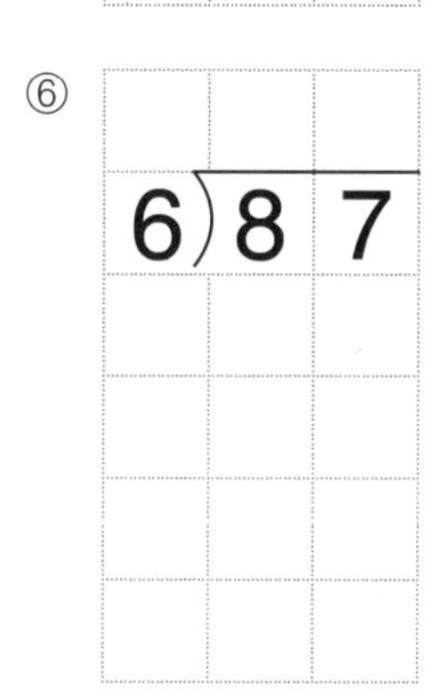

⑦
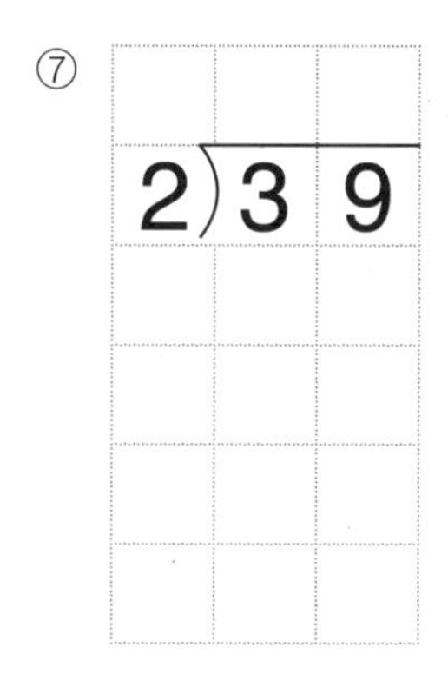

⑧
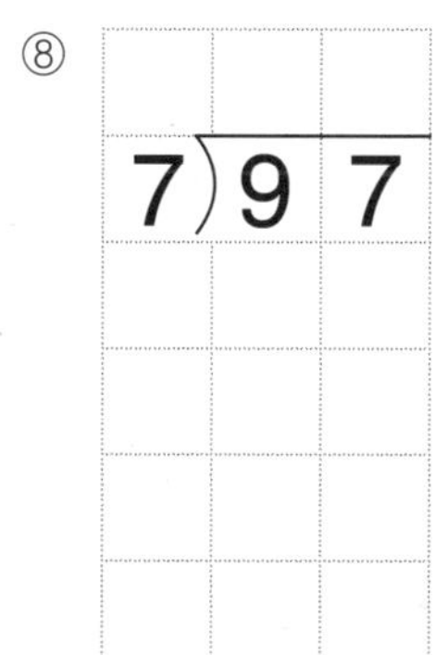

⑨
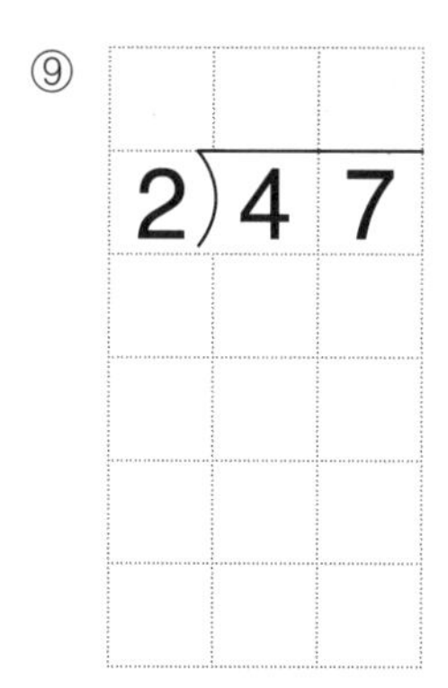

⑩
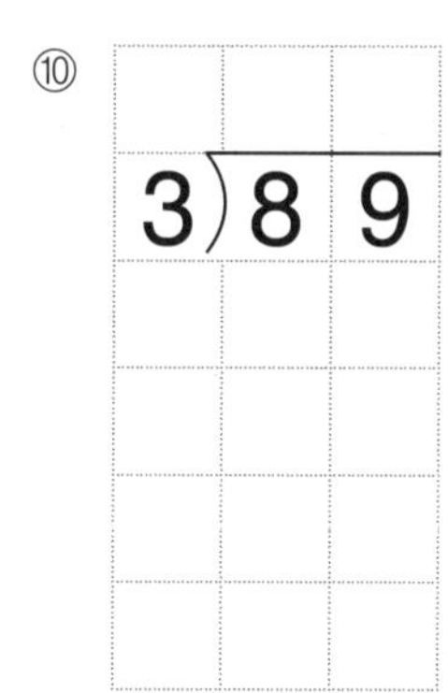

⑪
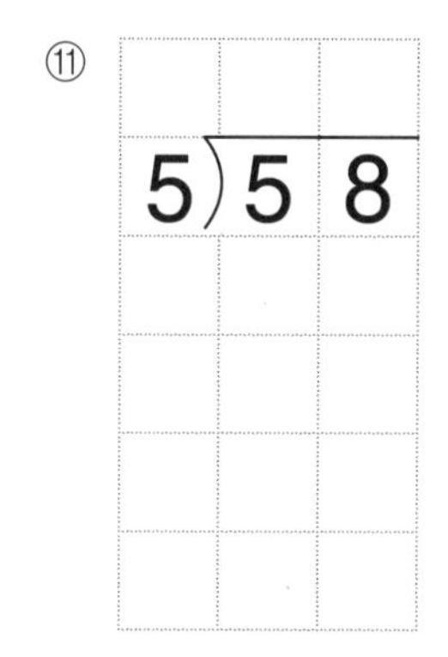

⑫ 9)9 4

⑬

⑭

⑮ 3)4 1

⑯ 6)9 5

(두 자리 수)÷(한 자리 수) ③

① $49 \div 4 = 12 \cdots 1$

	1	2
4)	4	9
	4	
		9
		8
		1

④ $97 \div 6 =$

⑦ $72 \div 7 =$

⑩ $91 \div 4 =$

② $27 \div 2 =$

⑤ $88 \div 7 =$

⑧ $87 \div 8 =$

⑪ $83 \div 6 =$

③ $35 \div 3 =$

⑥ $98 \div 9 =$

⑨ $49 \div 3 =$

⑫ $90 \div 7 =$

(두 자리 수)÷(한 자리 수) ③

① $\begin{array}{r} 10 \\ 7\overline{)74} \\ 7 \\ \hline 4 \end{array}$

4를 7로 나눌 수 없으므로 몫의 일의 자리에 0을 써요.

② $2\overline{)89}$

③
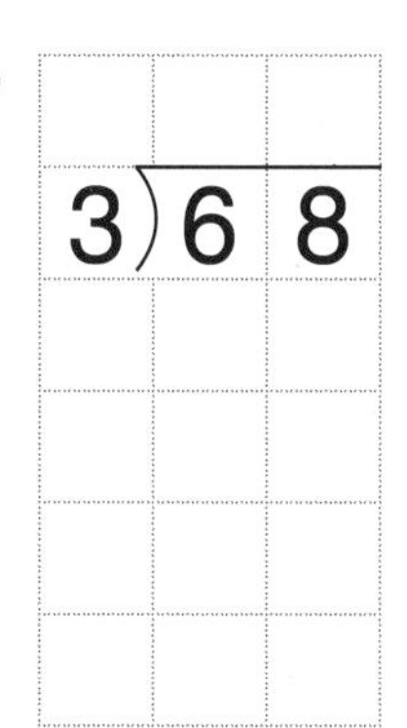

④ $6\overline{)65}$

⑤ $4\overline{)74}$

⑥ $5\overline{)62}$

⑦ $8\overline{)93}$

⑧ $2\overline{)51}$

⑨
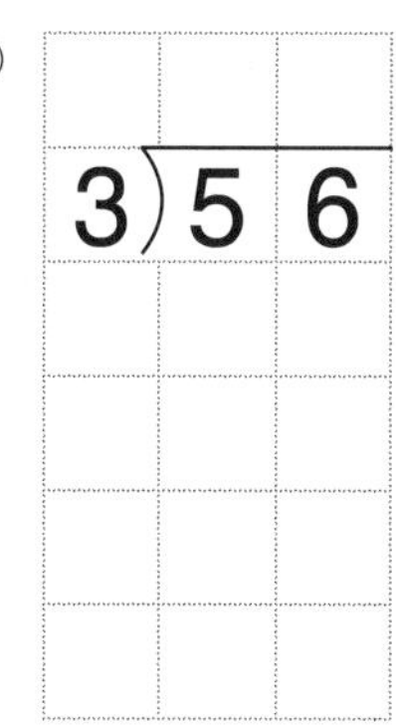

⑩
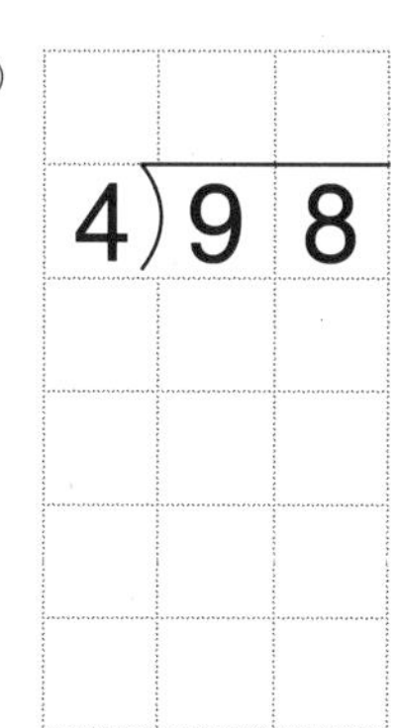

⑪
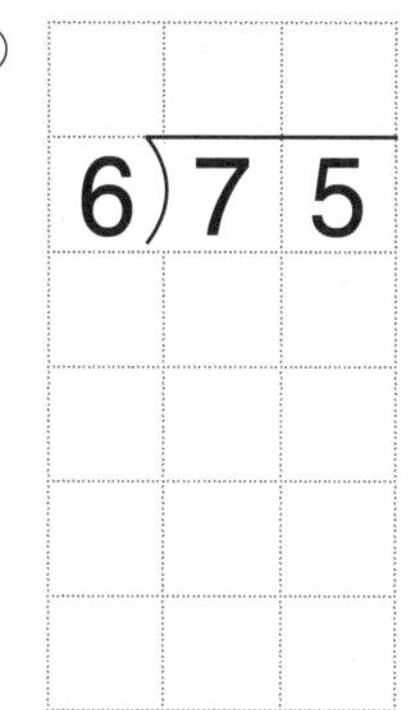

⑫ $3\overline{)37}$

⑬ $2\overline{)35}$

⑭

⑮

⑯
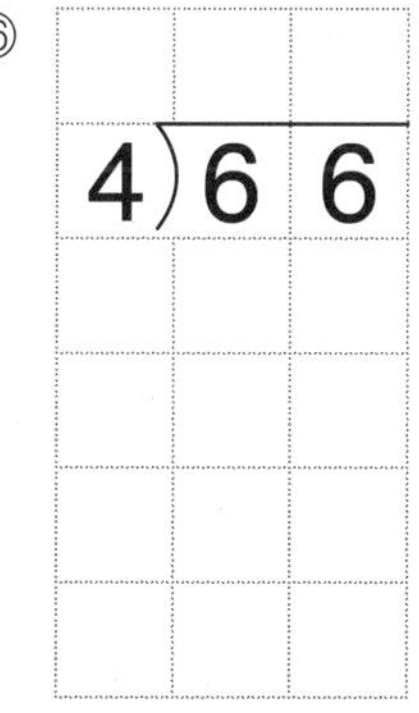

(두 자리 수)÷(한 자리 수) ③

B

월 일 /12

① $45 \div 2 = 22 \cdots 1$

	2	2
2)	4	5
	4	
		5
		4
		1

② $97 \div 3 =$

③ $59 \div 4 =$

④ $88 \div 6 =$

⑤ $72 \div 5 =$

⑥ $84 \div 8 =$

⑦ $94 \div 3 =$

⑧ $49 \div 2 =$

⑨ $83 \div 4 =$

⑩ $80 \div 6 =$

⑪ $71 \div 3 =$

⑫ $95 \div 8 =$

▶ 학습계획 : 매일 공부할 날짜를 정하고, 계획에 맞게 공부하세요.

일차	1일차	2일차	3일차	4일차	5일차
날짜	/	/	/	/	/

▶ 학습연계 : 지금 무엇을 배우는지 확인하고, 이전에 배운 단계와 앞으로 배울 단계를 살펴보세요.

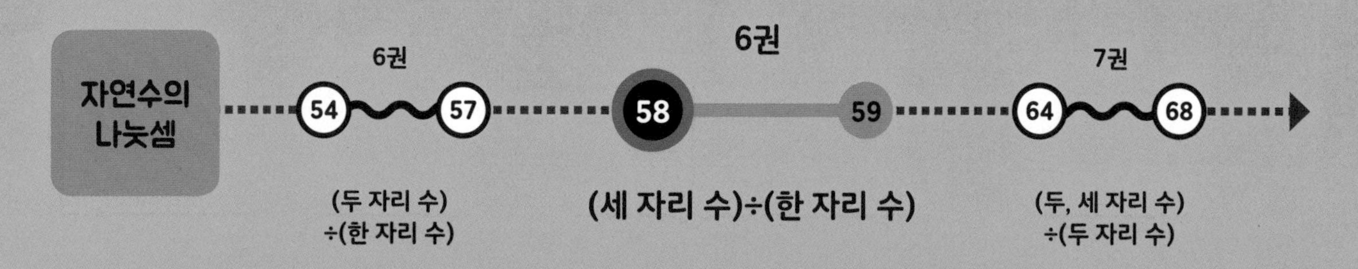

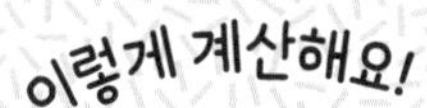

(세 자리 수)÷(한 자리 수) ❶

백의 자리부터 차례로 나누고, 나눌 수 없을 때에는 몫의 자리에 0을 써요.

나눗셈은 높은 자리부터 계산합니다. 세 자리 수도 마찬가지로 백의 자리부터 십, 일의 자리 순서로 나눕니다. 각 자리에서 나눌 수 없을 때에는 그 몫의 자리에 0을 쓰고, 다음 자리 수를 내려서 계산해요.

1 486÷3

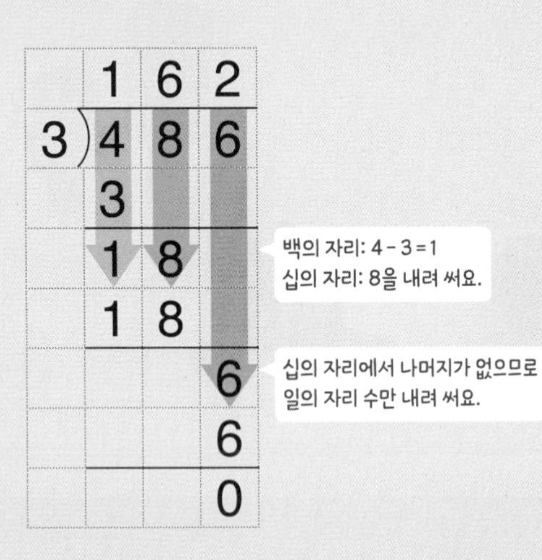

➡ 486÷3＝162

2 838÷4

	2	0	9
4)	8	3	8
	8		
		3	8
		3	6
			2

십의 자리 수 3은 나누는 수 4보다 작으므로 몫의 십의 자리에 0을 쓰고 십의 자리와 일의 자리 수를 한꺼번에 내려 써요.

➡ 838÷4＝209⋯2

A

몫이 세 자리 수인 경우

	1	5	7
6)	9	4	5
	6		
	3	4	
	3	0	
		4	5
		4	2
			3

B

몫이 세 자리 수이고, 0이 있는 경우

	1	0	9
5)	5	4	5
	5		
		4	5
		4	5
			0

(세 자리 수)÷(한 자리 수) ❶

백의 자리부터 계산해요.

① $3\overline{)396}$ = 132

$$\begin{array}{r} 132 \\ 3\overline{)396} \\ \underline{3} \\ 9 \\ \underline{9} \\ 6 \\ \underline{6} \\ 0 \end{array}$$

② $2\overline{)827}$

③ $3\overline{)488}$

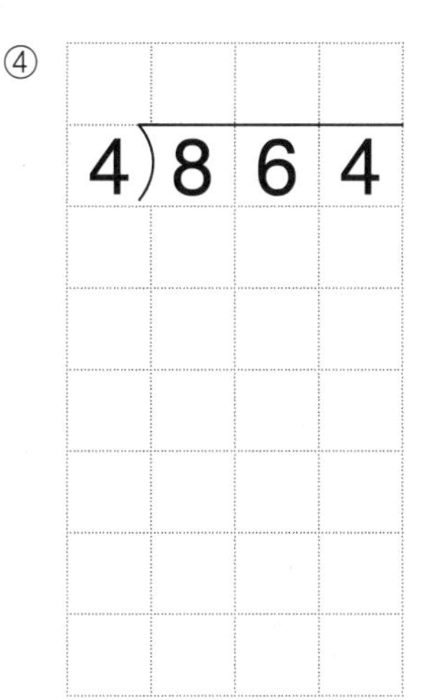

④ $4\overline{)864}$

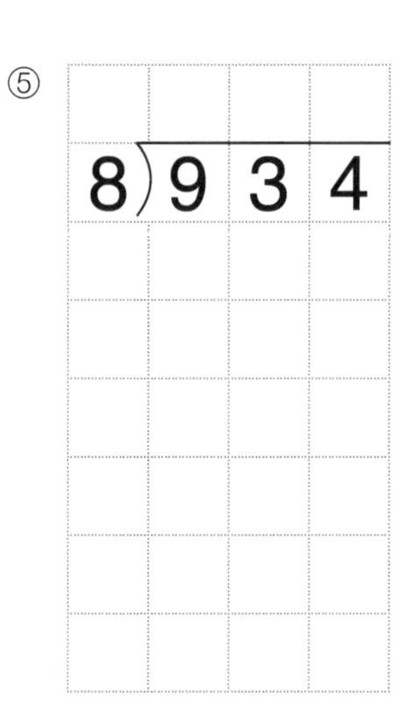

⑤ $8\overline{)934}$

⑥ $7\overline{)873}$

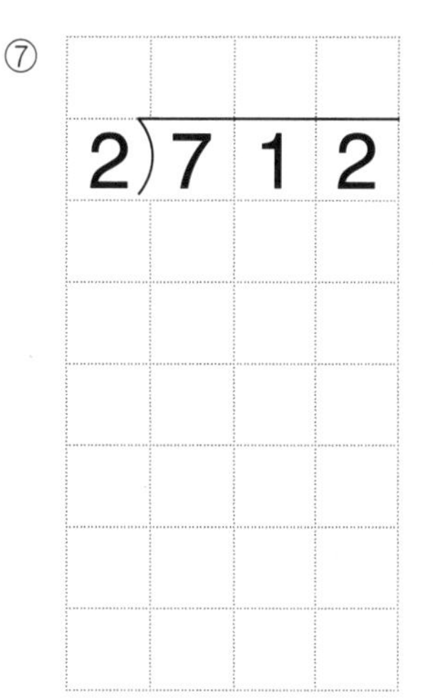

⑦ $2\overline{)712}$

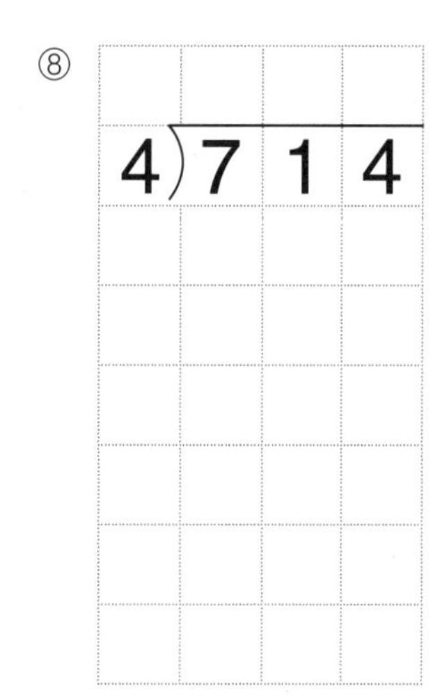

⑧ $4\overline{)714}$

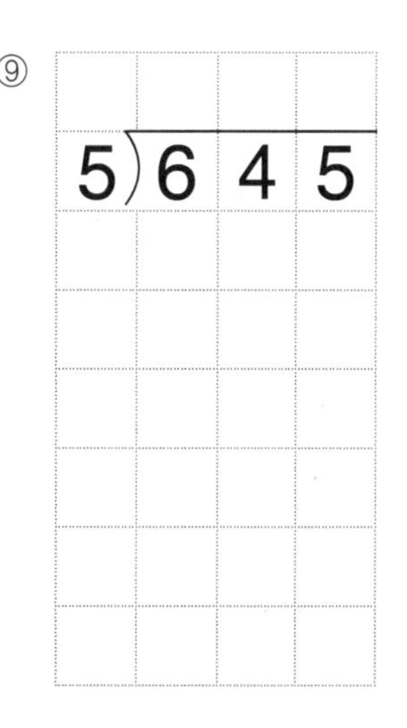

⑨ $5\overline{)645}$

⑩ $4\overline{)664}$

⑪ $5\overline{)706}$

⑫ $6\overline{)942}$

(세 자리 수)÷(한 자리 수) ❶

나눌 수 없는 자리의 몫에 0을 써요.

① $4\overline{)828}$ = 207

```
    2 0 7
4 ) 8 2 8
    8
      2 8
      2 8
        0
```

⑤ 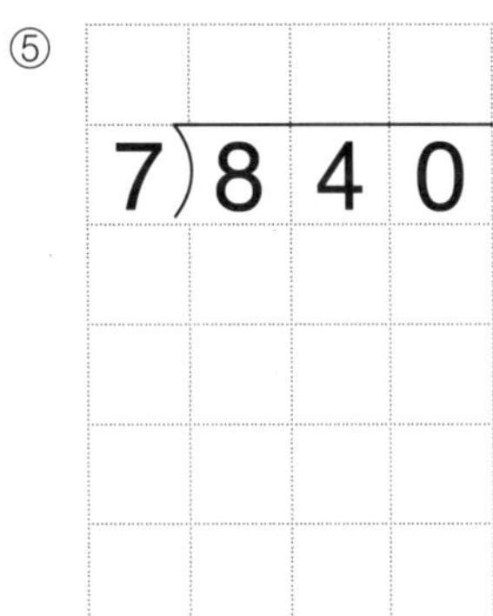

⑨ 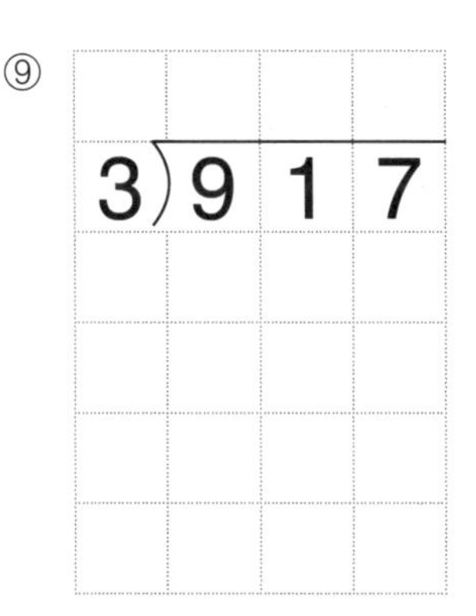

⑬ 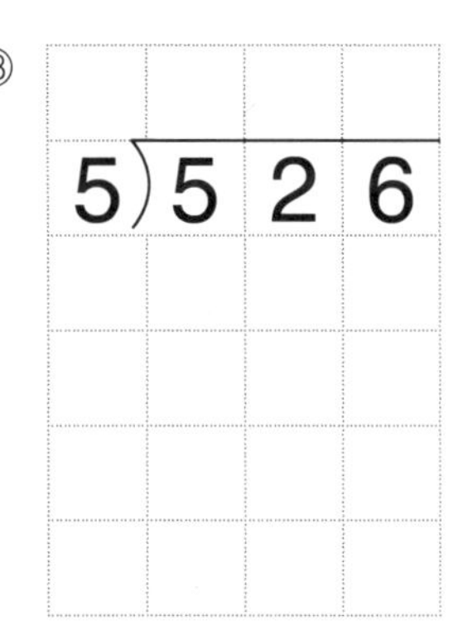

② 

⑥ 

⑩ 

⑭ 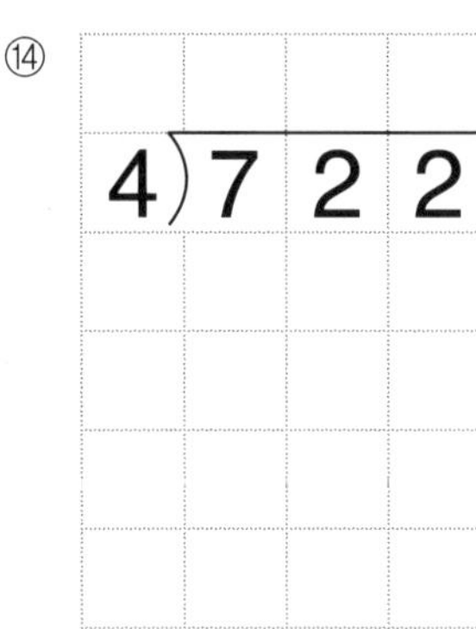

③ 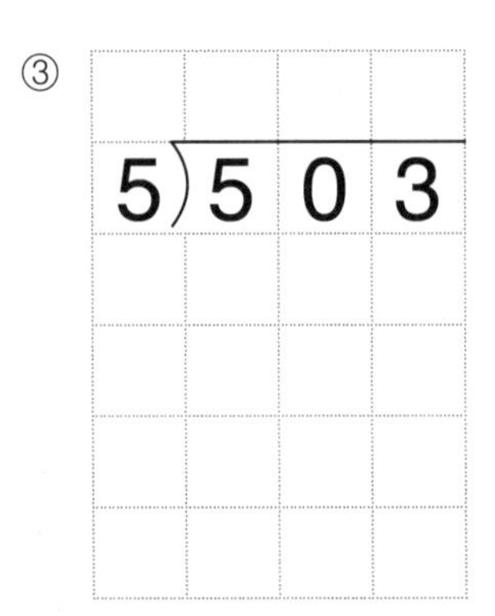

⑦ 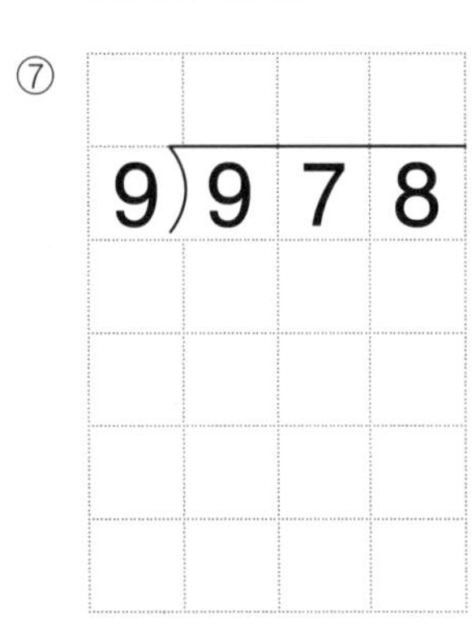

⑪ 

⑮ 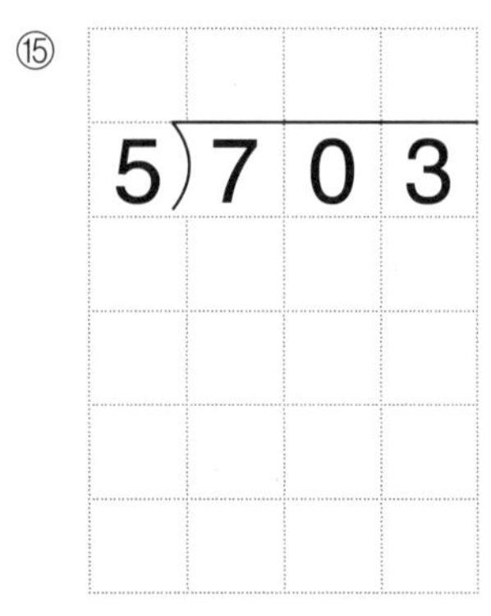

④ 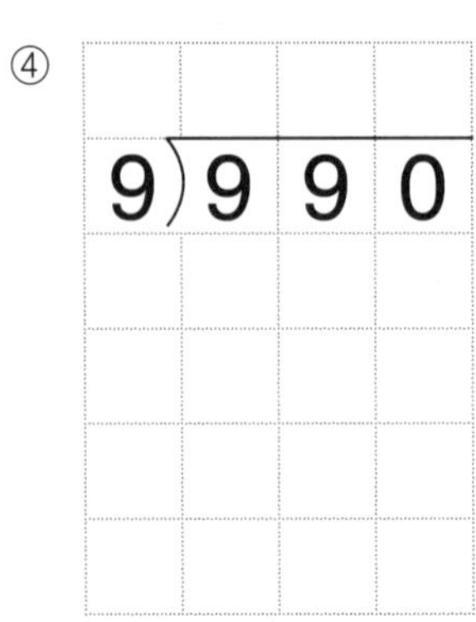

⑧ 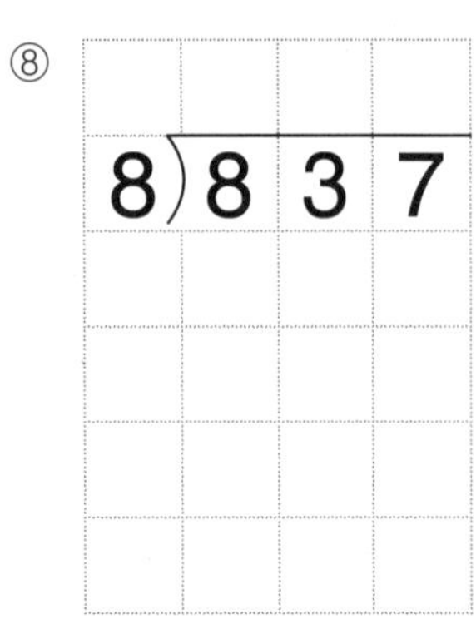

⑫ $7\overline{)714}$

⑯ $6\overline{)785}$

(세 자리 수)÷(한 자리 수) ①

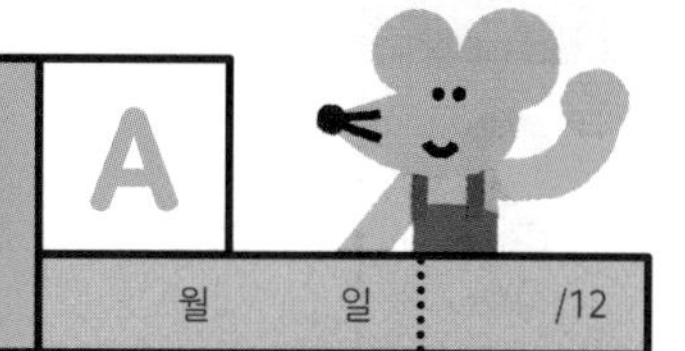

백의 자리부터 계산해요.

① $2\overline{)854}$ = 427

$$\begin{array}{r} 427 \\ 2\overline{)854} \\ 8 \\ \hline 5 \\ 4 \\ \hline 14 \\ 14 \\ \hline 0 \end{array}$$

④ $6\overline{)858}$

⑦ $6\overline{)700}$

⑩ $5\overline{)620}$

② $5\overline{)657}$

⑤ $4\overline{)646}$

⑧ $6\overline{)830}$

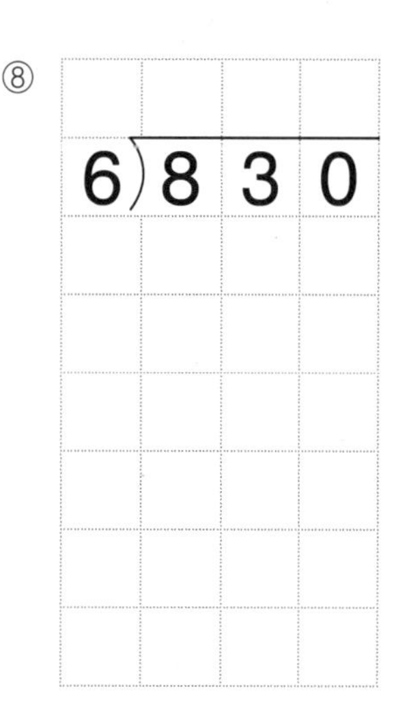

⑪ $3\overline{)739}$

③ $5\overline{)831}$

⑥ $2\overline{)989}$

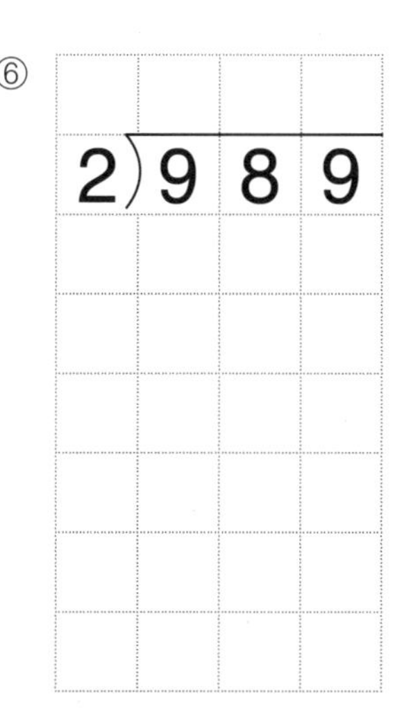

⑨ $4\overline{)799}$

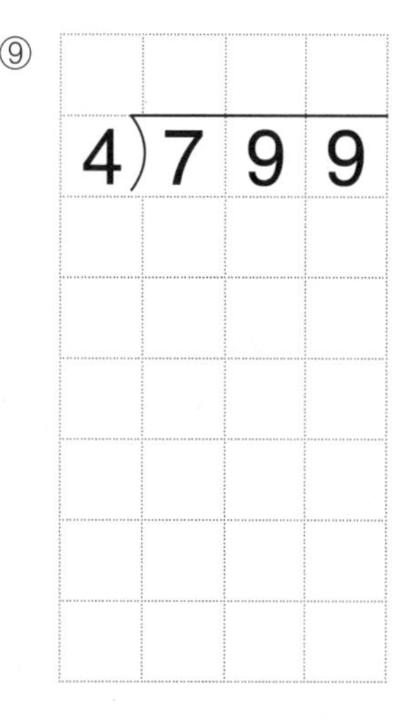

⑫ $7\overline{)952}$

(세 자리 수)÷(한 자리 수) ❶

나눌 수 없는 자리의 몫에 0을 써요.

① $7\overline{)844}$ → 몫 120

```
    1 2 0
7 ) 8 4 4
    7
    1 4
    1 4
        4
```

② $8\overline{)837}$

③ $3\overline{)330}$

④ $6\overline{)643}$

⑤ $4\overline{)826}$

⑥ $3\overline{)324}$

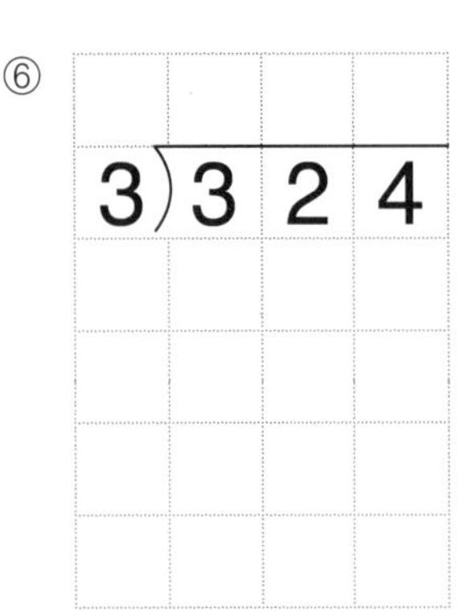

⑦ $7\overline{)744}$

⑧ $5\overline{)546}$

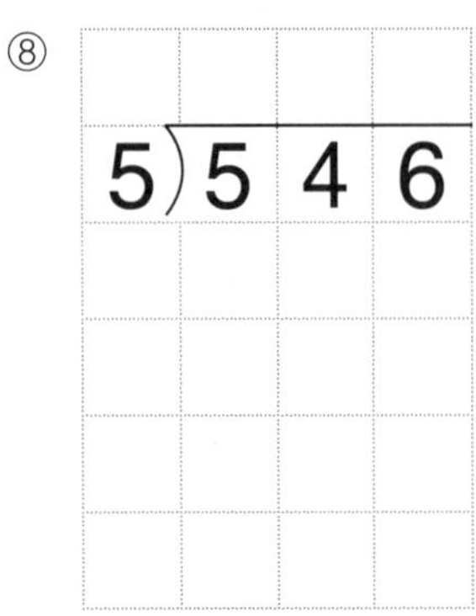

⑨ $6\overline{)654}$

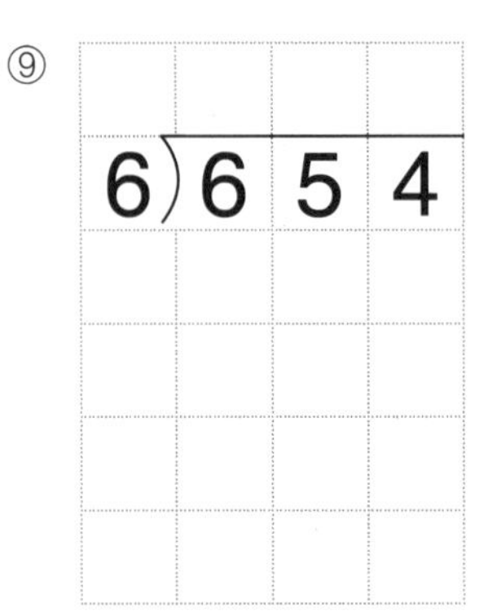

⑩ $7\overline{)726}$

⑪ $5\overline{)523}$

⑫ $8\overline{)850}$

⑬ $9\overline{)927}$

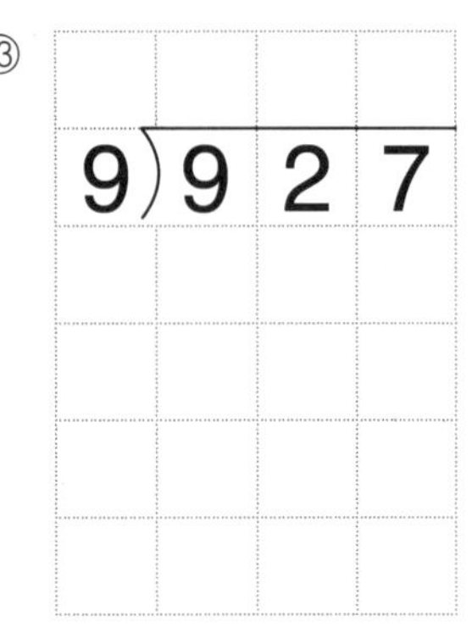

⑭ $9\overline{)960}$

⑮ $4\overline{)814}$

⑯ $3\overline{)626}$

(세 자리 수)÷(한 자리 수) ❶

A

월 일 /12

백의 자리부터 계산해요.

① $\begin{array}{r} 273 \\ 2\overline{)547} \\ \underline{4} \\ 14 \\ \underline{14} \\ 7 \\ \underline{6} \\ 1 \end{array}$

④ $6\overline{)678}$

⑦  $3\overline{)414}$

⑩ $2\overline{)374}$

②  $4\overline{)848}$

⑤ 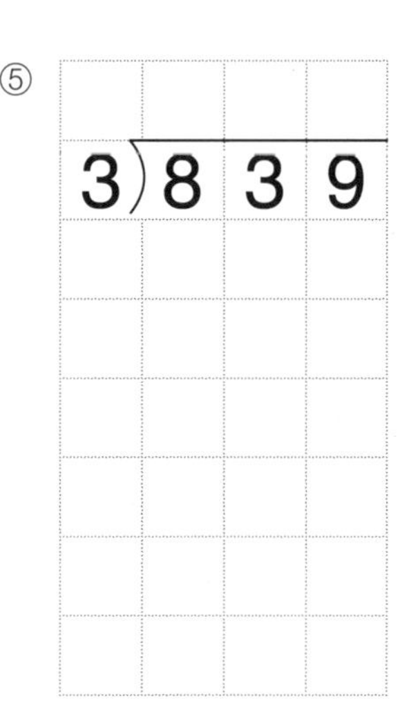 $3\overline{)839}$

⑧  $4\overline{)985}$

⑪ $7\overline{)820}$

③ $2\overline{)638}$

⑥  $6\overline{)760}$

⑨  $8\overline{)983}$

⑫ $5\overline{)834}$

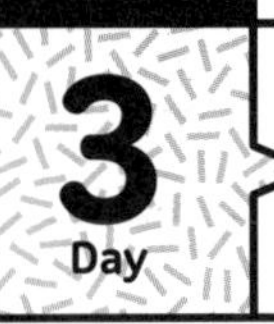

(세 자리 수)÷(한 자리 수) ❶

나눌 수 없는 자리의 몫에 0을 써요.

① 9)978 = 108
```
    1 0 8
9)9 7 8
  9
    7 8
    7 2
      6
```

② 8)880

③ 5)652

④ 9)929

⑤ 6)782

⑥ 6)900

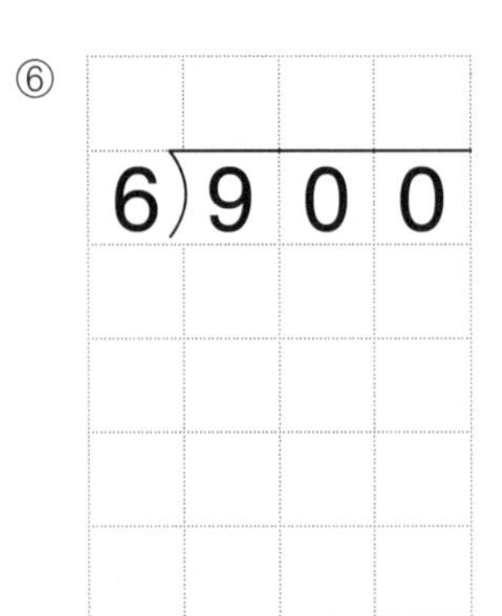

⑦ 7)750

⑧ 6)628

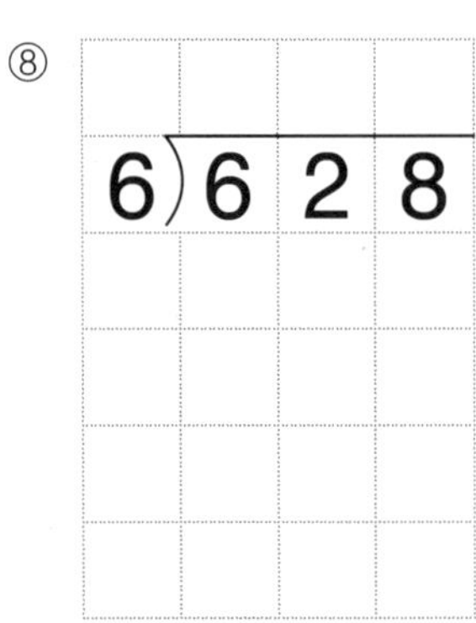

⑨ 8)845

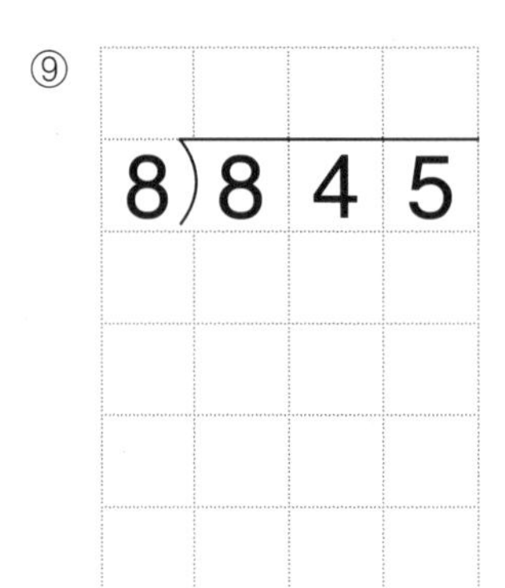

⑩ 3)623

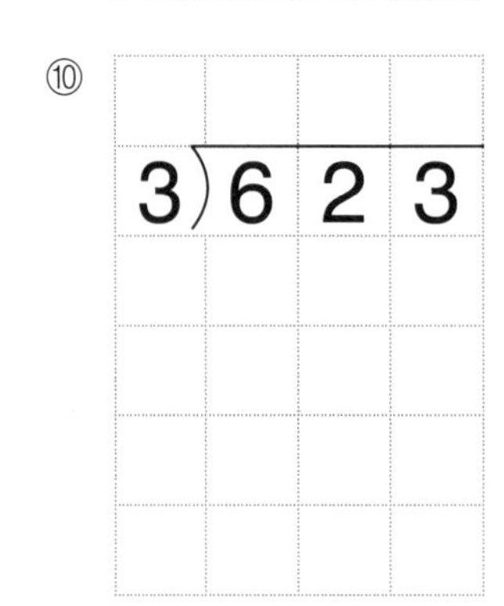

⑪ 4)438

⑫ 5)600

⑬ 3)692

⑭ 4)922

⑮ 6)616

⑯ 8)860

(세 자리 수)÷(한 자리 수) ①

백의 자리부터 계산해요.

①
```
   1 4 1
4)5 6 4
  4
  1 6
  1 6
      4
      4
      0
```

② 3)845

③

④ 6)984

⑤
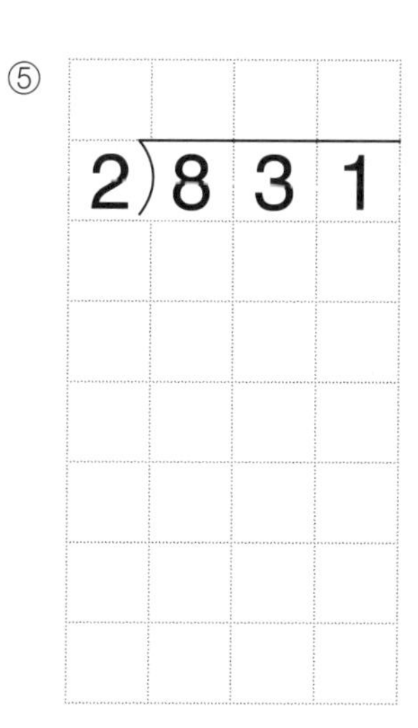

⑥
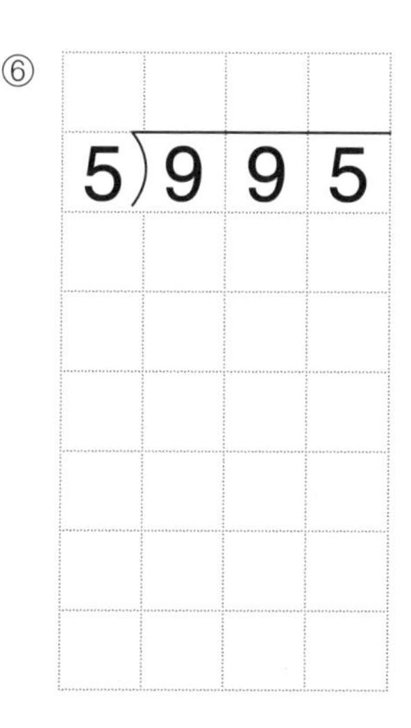

⑦

⑧
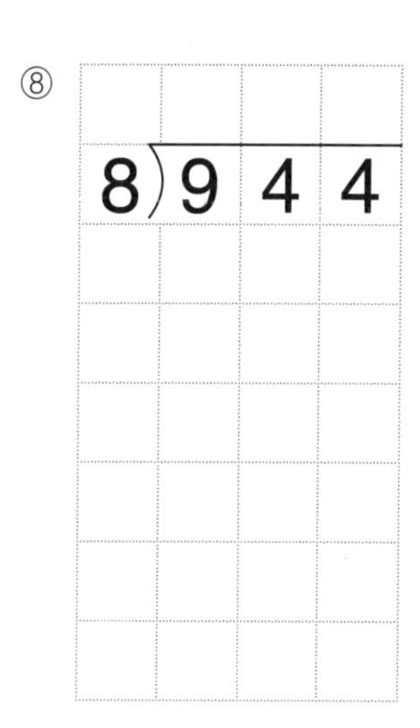

⑨
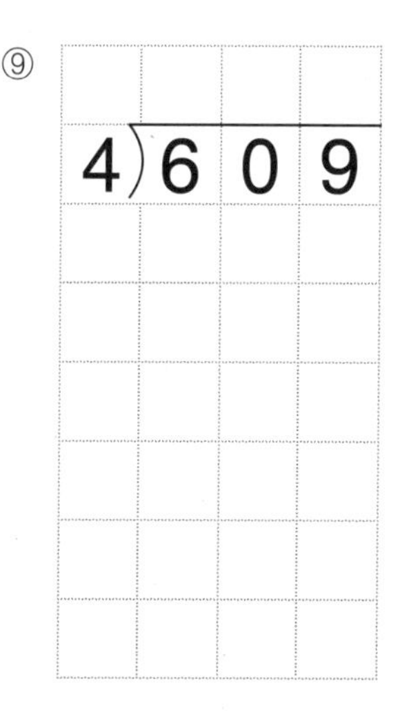

⑩ 5)806

⑪ 7)950

⑫ 3)733

(세 자리 수)÷(한 자리 수) ❶

나눌 수 없는 자리의 몫에 0을 써요.

①

$$\begin{array}{r} 130 \\ 6\overline{)785} \\ \underline{6} \\ 18 \\ \underline{18} \\ 5 \end{array}$$

② $8\overline{)847}$

③ $3\overline{)482}$

④ $5\overline{)800}$

⑤ $4\overline{)430}$

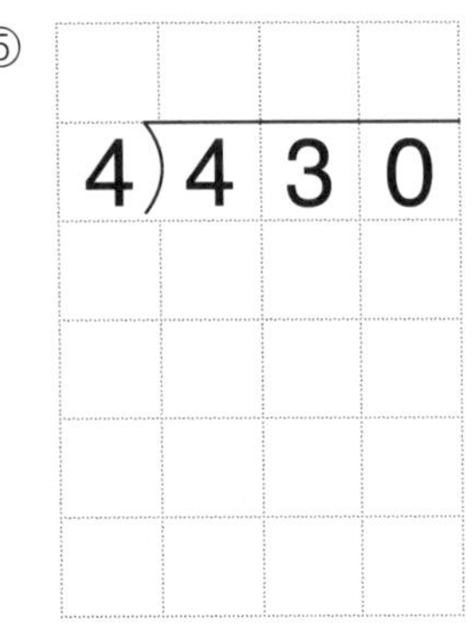

⑥ $6\overline{)635}$

⑦ $7\overline{)760}$

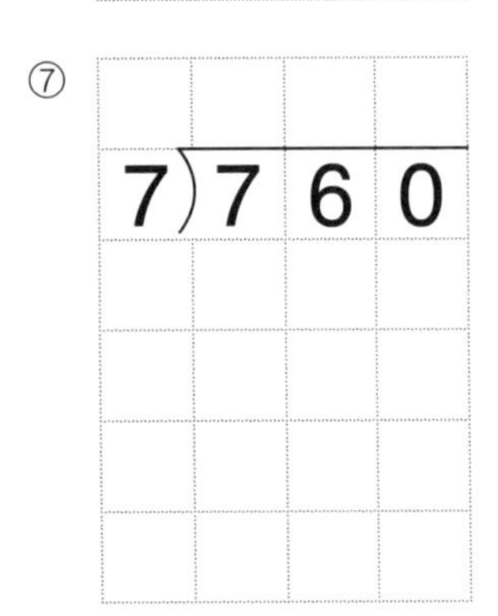

⑧ $9\overline{)997}$

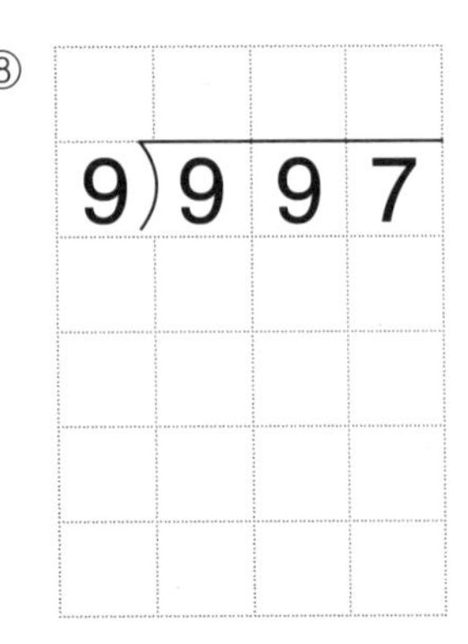

⑨ $5\overline{)542}$

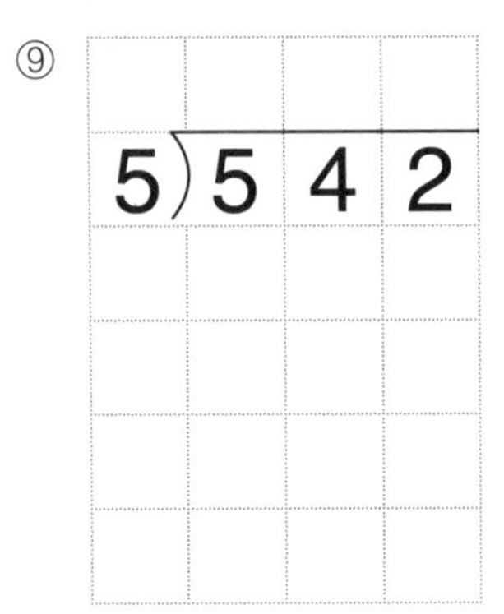

⑩ $4\overline{)814}$

⑪ $6\overline{)641}$

⑫ $8\overline{)964}$

⑬ $3\overline{)618}$

⑭ $7\overline{)910}$

⑮ $9\overline{)956}$

⑯ $6\overline{)843}$

(세 자리 수)÷(한 자리 수) ❶

백의 자리부터 계산해요.

①

```
   1 7 3
5)8 6 7
  5
  3 6
  3 5
    1 7
    1 5
      2
```

②

8)9 4 3

③

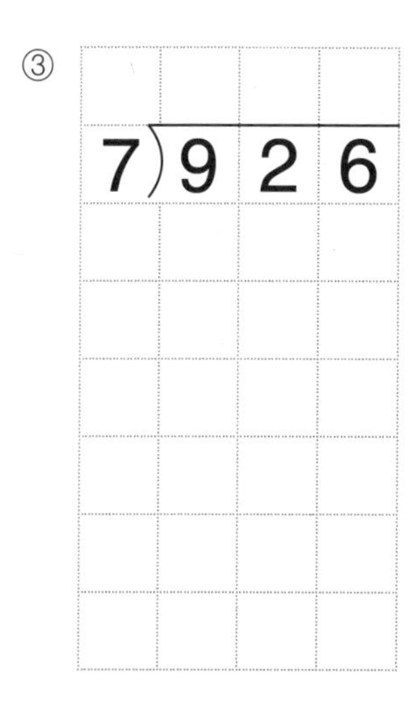

④

3)7 7 7

⑤

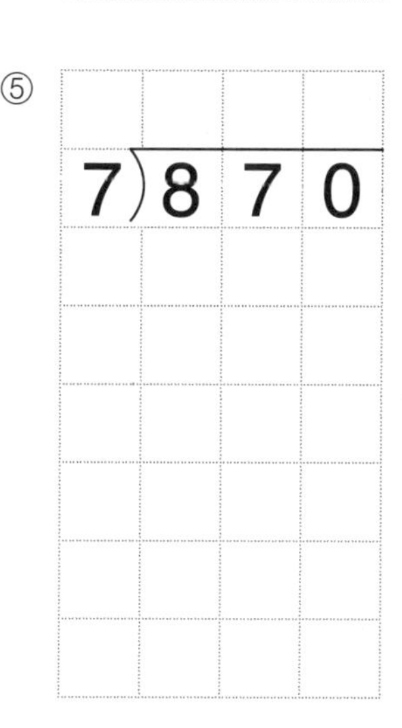

⑥

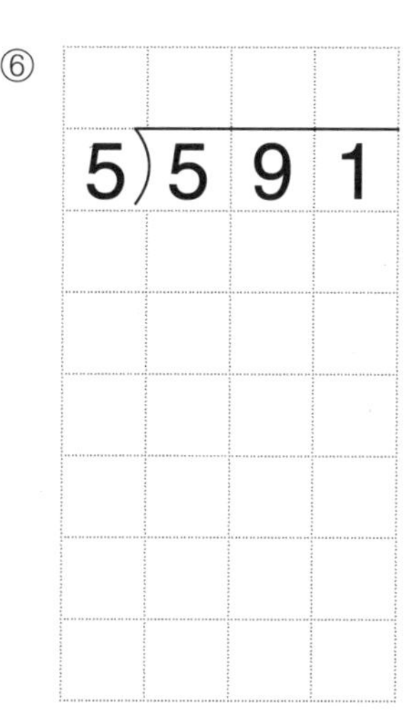

⑦

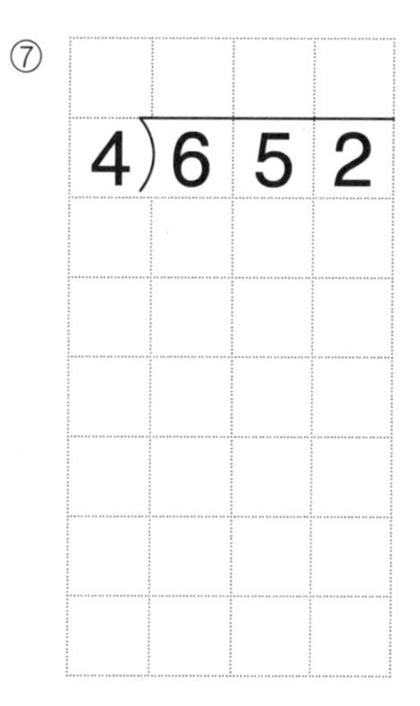

⑧

⑨

6)7 3 2

⑩

6)8 5 3

⑪

6)8 2 2

⑫

8)9 0 6

(세 자리 수)÷(한 자리 수) ❶

나눌 수 없는 자리의 몫에 0을 써요.

① $3\overline{)920}$ = 306 … 2

```
    3 0 6
 3)9 2 0
   9
     2 0
     1 8
       2
```

② $5\overline{)703}$

③ $9\overline{)982}$

④ $4\overline{)602}$

⑤ $7\overline{)757}$

⑥ $6\overline{)634}$

⑦ $3\overline{)752}$

⑧ $8\overline{)828}$

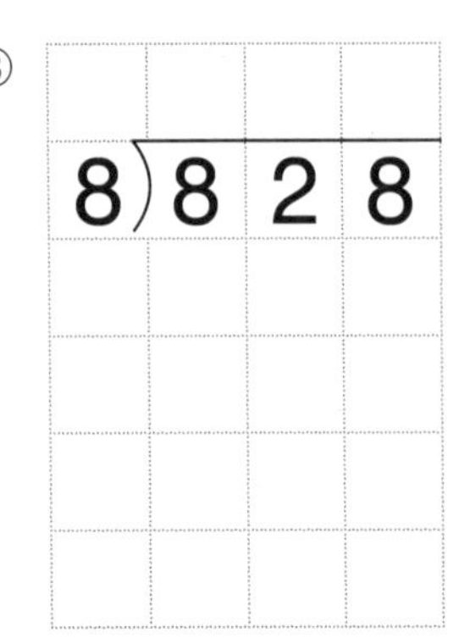

⑨ $5\overline{)854}$

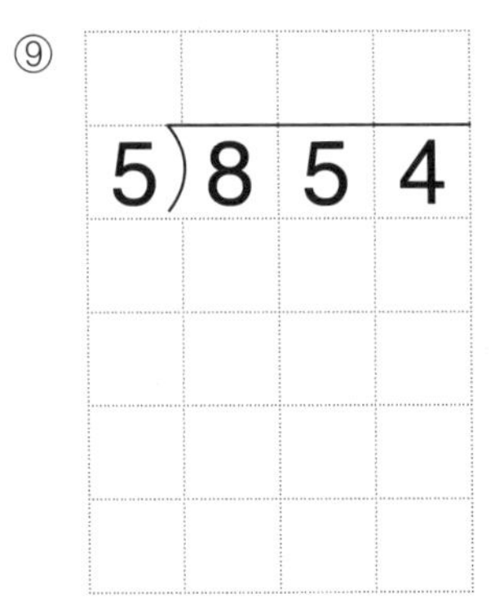

⑩ $4\overline{)920}$

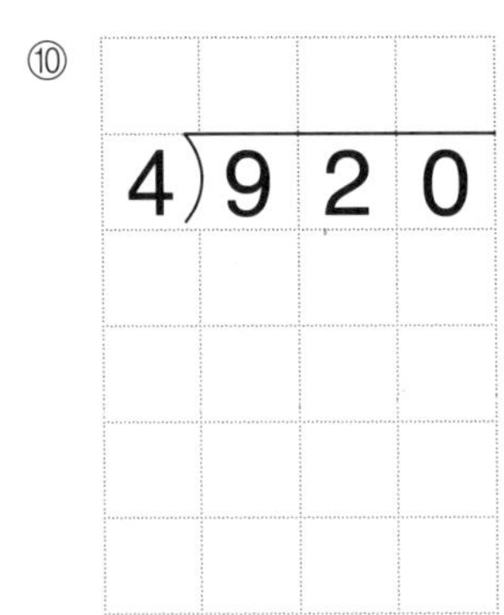

⑪ $7\overline{)765}$

⑫ $6\overline{)656}$

⑬ $8\overline{)830}$

⑭ $9\overline{)968}$

⑮ $4\overline{)642}$

⑯ $5\overline{)512}$

(세 자리 수)÷(한 자리 수) ②

▶ **학습계획 :** 매일 공부할 날짜를 정하고, 계획에 맞게 공부하세요.

일차	1일차	2일차	3일차	4일차	5일차
날짜	/	/	/	/	/

▶ **학습연계 :** 지금 무엇을 배우는지 확인하고, 이전에 배운 단계와 앞으로 배울 단계를 살펴보세요.

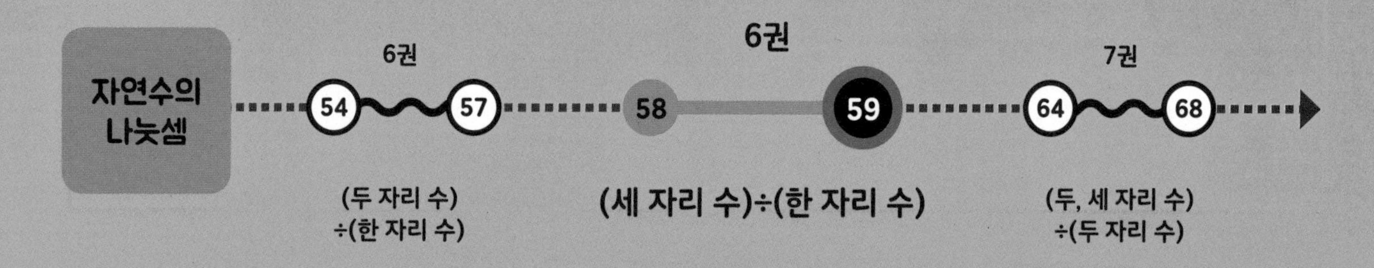

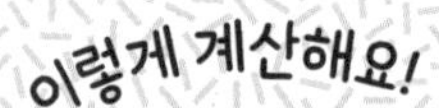

59 (세 자리 수)÷(한 자리 수) ❷

백의 자리 수가 나누는 수보다 작으면 백의 자리와 십의 자리를 묶어서 나누어요.

나누어지는 세 자리 수에서 백의 자리 수가 나누는 수보다 작을 때에는 십의 자리 수까지 한꺼번에 묶어서 계산해요. 이때 몫을 백의 자리부터가 아니라 십의 자리부터 쓰는 것에 주의합니다.
몫의 백의 자리에 0을 생략했다고 생각하고, 백의 자리를 비워 둬요.

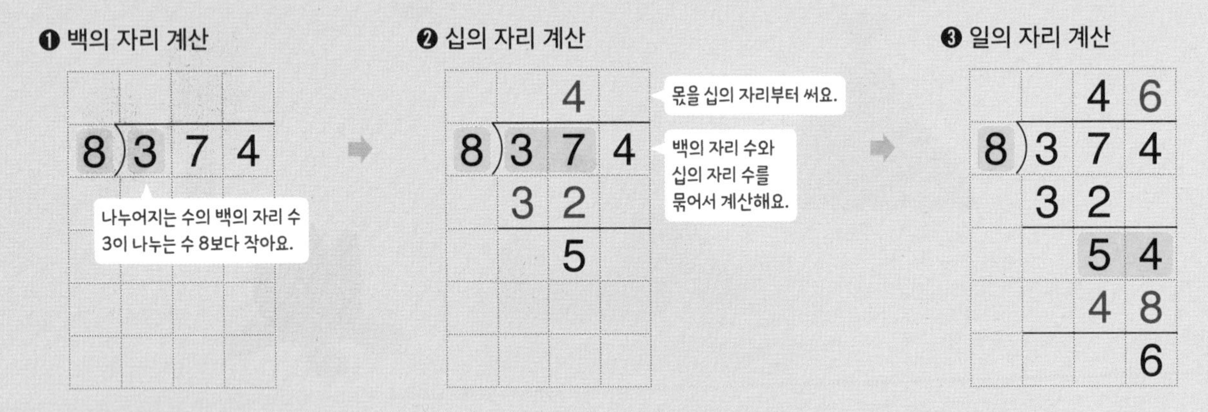

➡ $374 \div 8 = 46 \cdots 6$

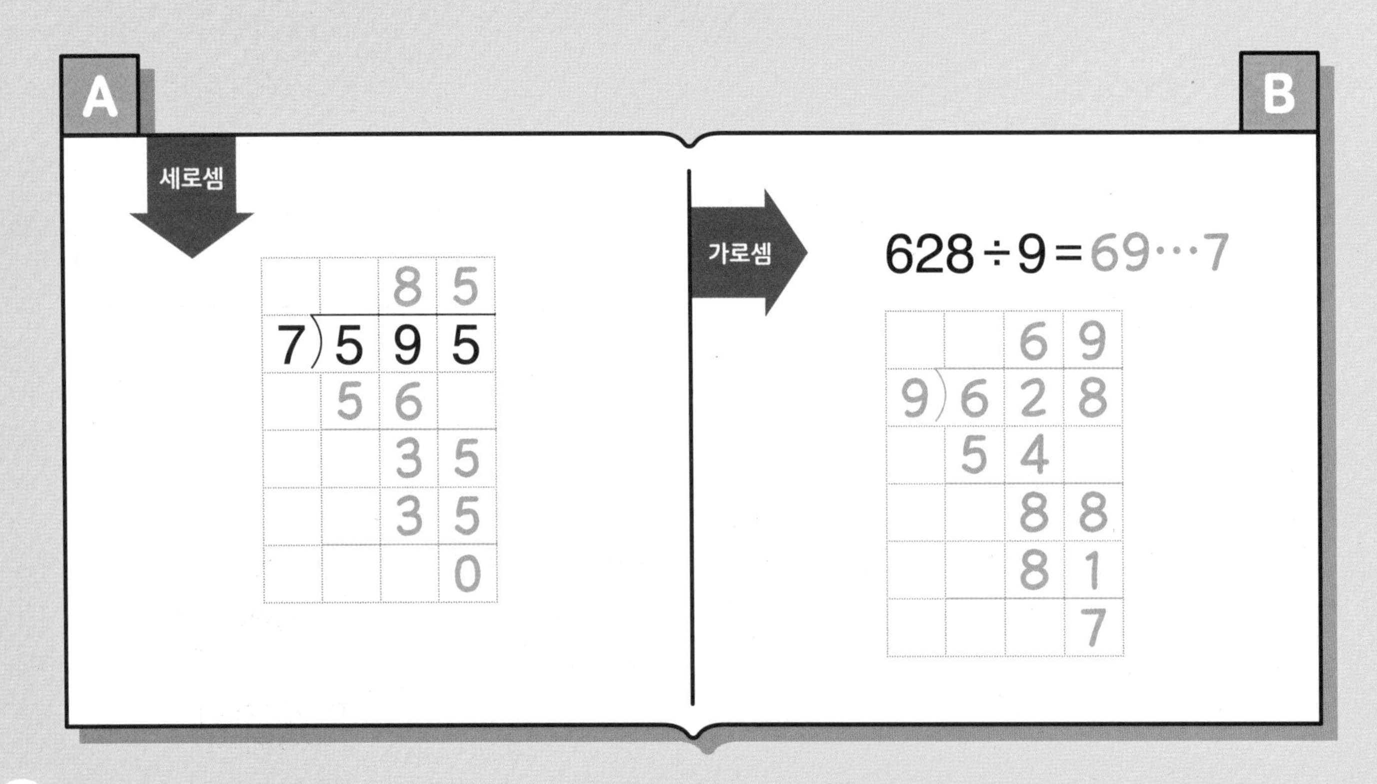

(세 자리 수)÷(한 자리 수) ②

A

월 일 /16

백의 자리를 나눌 수 없으므로 0을 쓰는 대신 비워 둬요.

①
```
     3 2
 5)1 6 2
   1 5
     1 2
     1 0
       2
```

② 6)510

③ 5)144

④ 4)346

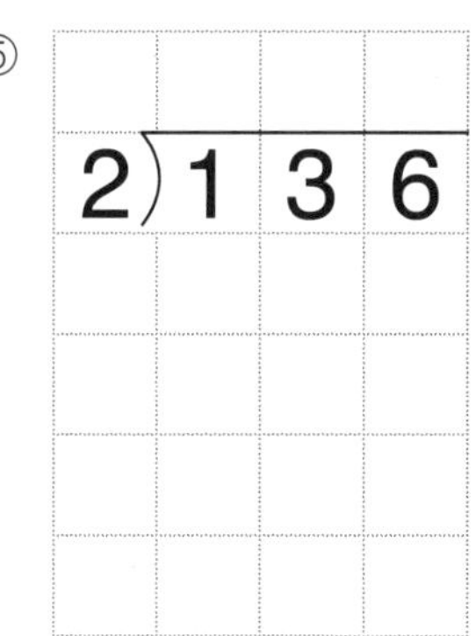

⑤ 2)136

⑥ 9)243

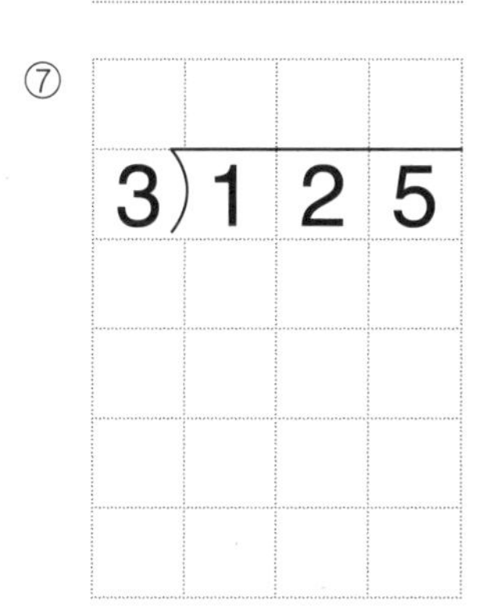

⑦ 3)125

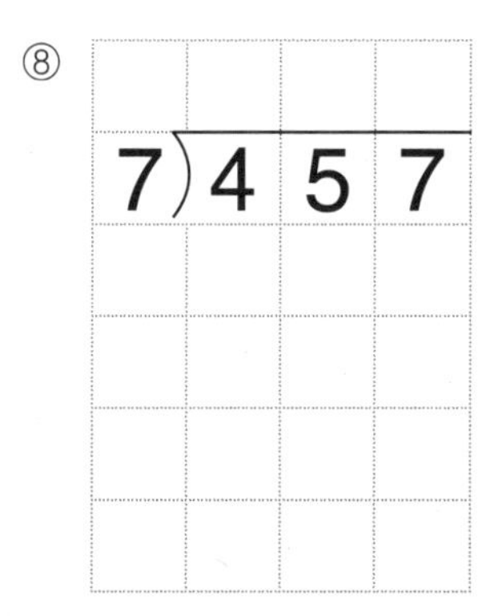

⑧ 7)457

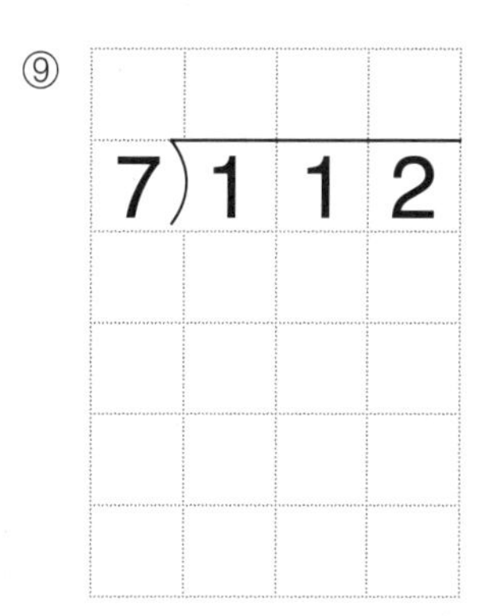

⑨ 7)112

⑩ 9)648

⑪ 6)117

⑫ 8)326

⑬ 6)546

⑭ 3)159

⑮ 6)453

⑯ 2)155

59단계

(세 자리 수)÷(한 자리 수) ❷

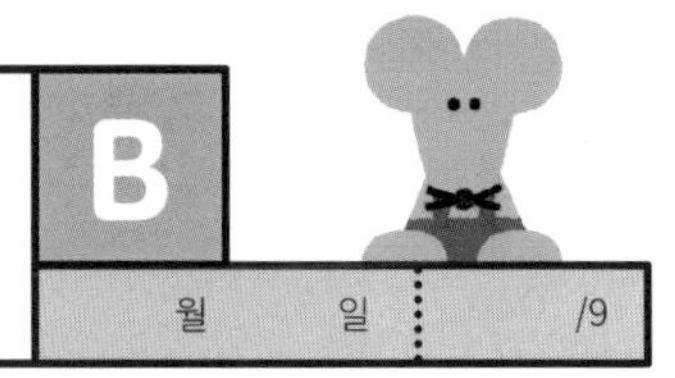

월 일 /9

① $365 \div 4 = 91 \cdots 1$

		9	1
4)	3	6	5
	3	6	
			5
			4
			1

④ $465 \div 7 =$

⑦ $608 \div 8 =$

② $647 \div 8 =$

⑤ $752 \div 9 =$

⑧ $202 \div 3 =$

③ $243 \div 3 =$

⑥ $644 \div 8 =$

⑨ $433 \div 5 =$

59단계

(세 자리 수)÷(한 자리 수) ②

백의 자리를 나눌 수 없으므로
0을 쓰는 대신 비워 둬요.

①
$$\begin{array}{r} 43 \\ 4\overline{)172} \\ \underline{16} \\ 12 \\ \underline{12} \\ 0 \end{array}$$

② $7\overline{)343}$

③ $6\overline{)369}$

④ $2\overline{)177}$

⑤ $5\overline{)280}$

⑥ $8\overline{)200}$

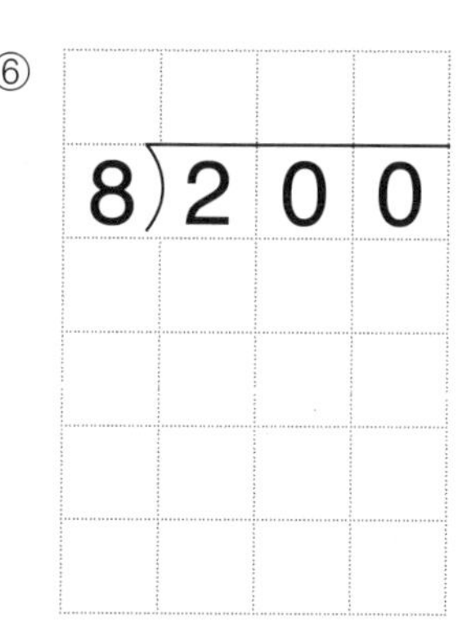

⑦ $7\overline{)341}$

⑧ $8\overline{)305}$

⑨ $6\overline{)324}$

⑩ $3\overline{)168}$

⑪ $9\overline{)159}$

⑫ $5\overline{)312}$

⑬ $3\overline{)129}$

⑭ $8\overline{)136}$

⑮ $2\overline{)105}$

⑯ $7\overline{)123}$

(세 자리 수)÷(한 자리 수) ❷

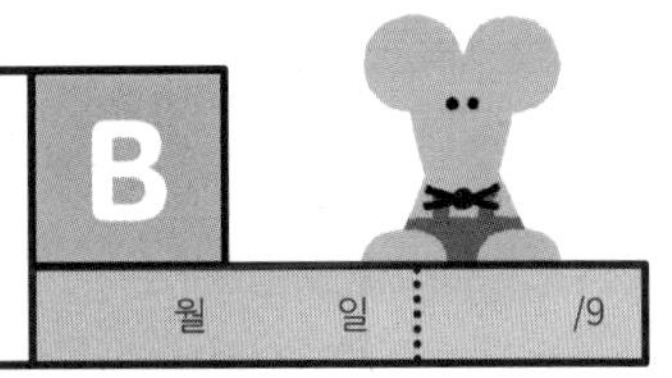

① 284÷5=56···4

		5	6
5)	2	8	4
	2	5	
		3	4
		3	0
			4

② 156÷3=

③ 243÷6=

④ 504÷8=

⑤ 460÷7=

⑥ 314÷4=

⑦ 472÷6=

⑧ 164÷4=

⑨ 567÷9=

59단계

(세 자리 수)÷(한 자리 수) ②

월 일 /16

백의 자리를 나눌 수 없으므로 0을 쓰는 대신 비워 둬요.

① $7\overline{)133}$ = 19

$$\begin{array}{r} 19 \\ 7\overline{)133} \\ 7 \\ \hline 63 \\ 63 \\ \hline 0 \end{array}$$

② $9\overline{)279}$

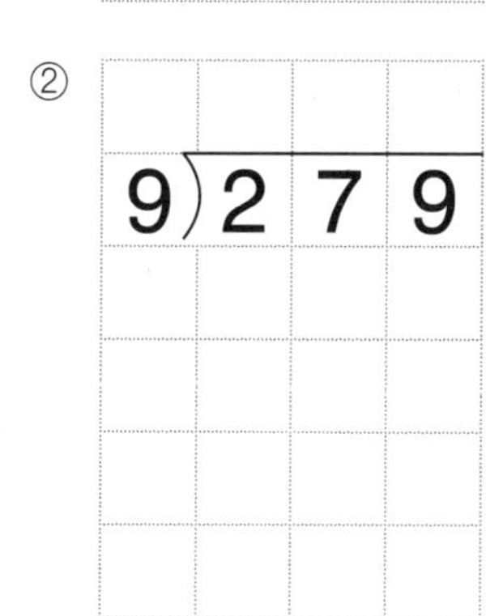

③ $2\overline{)193}$

④ $7\overline{)675}$

⑤ $3\overline{)288}$

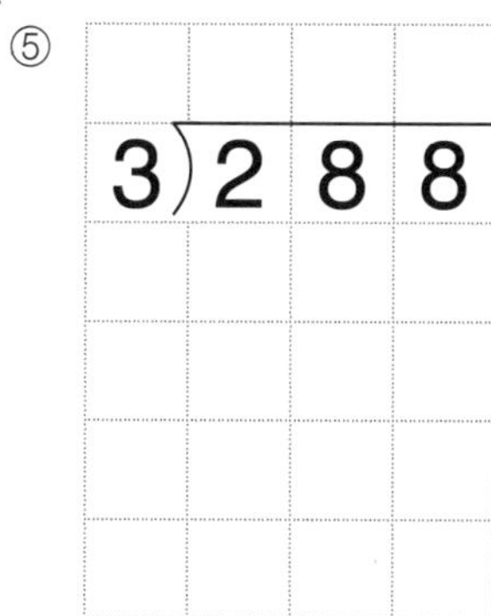

⑥ $4\overline{)208}$

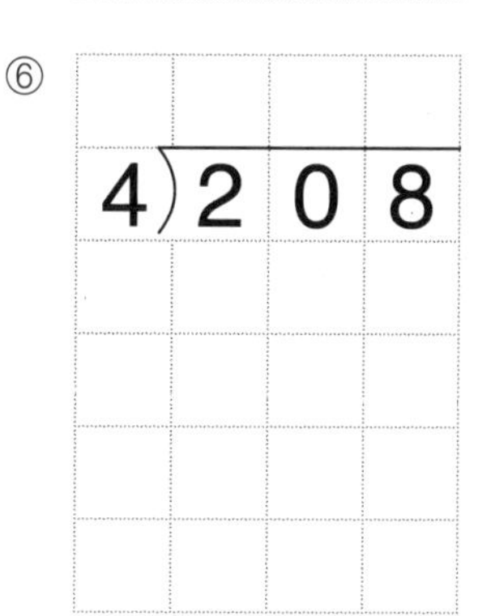

⑦ $8\overline{)211}$

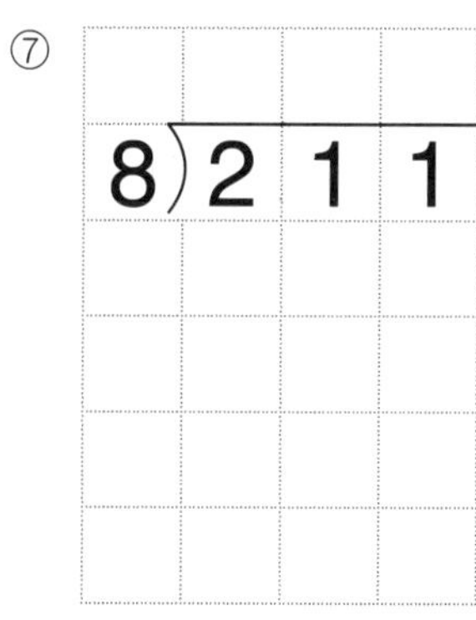

⑧ $4\overline{)130}$

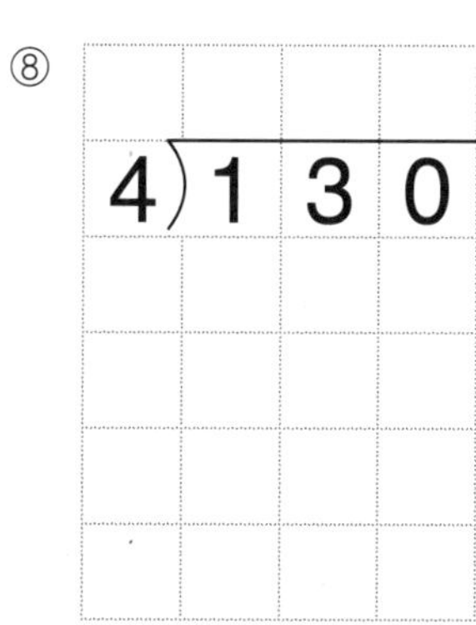

⑨ $8\overline{)184}$

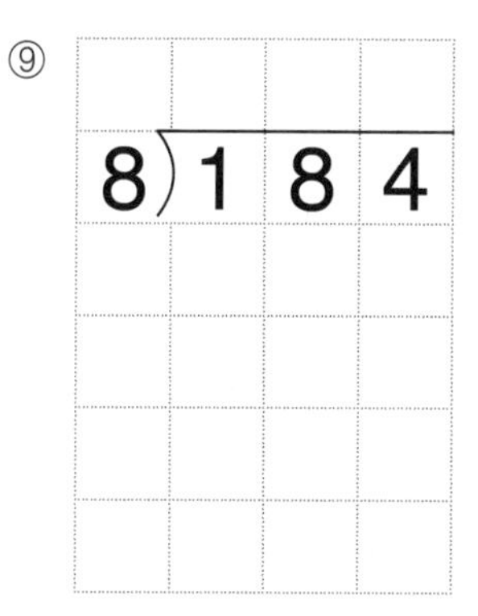

⑩ $7\overline{)469}$

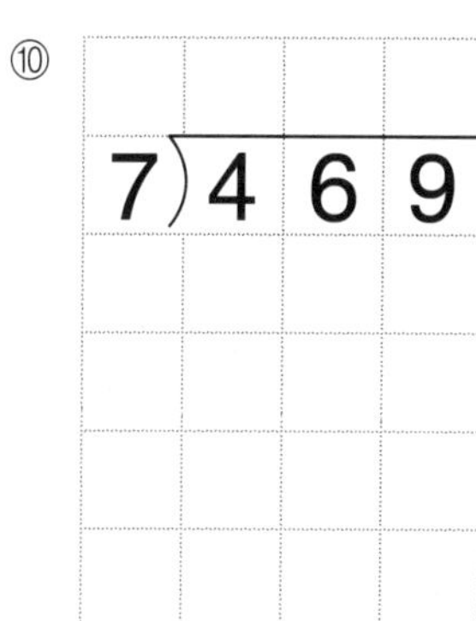

⑪ $3\overline{)263}$

⑫ $2\overline{)117}$

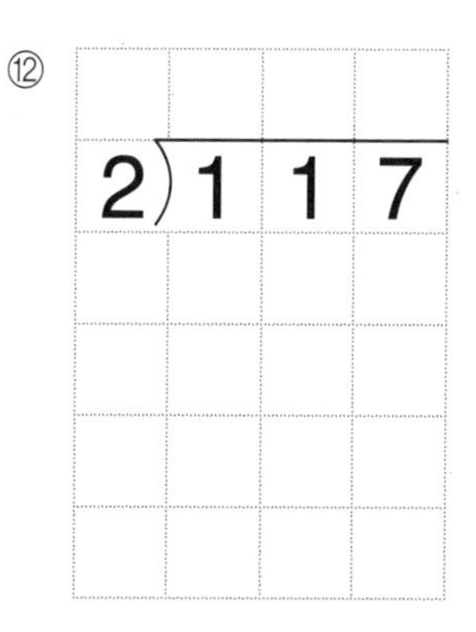

⑬ $4\overline{)192}$

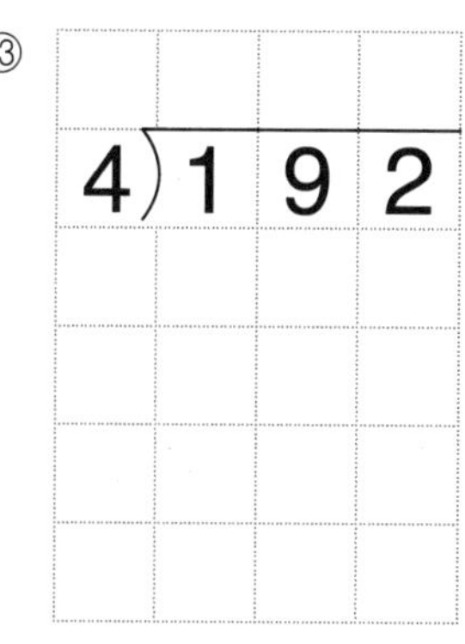

⑭ $9\overline{)135}$

⑮ $6\overline{)508}$

⑯ $9\overline{)509}$

(세 자리 수)÷(한 자리 수) ❷

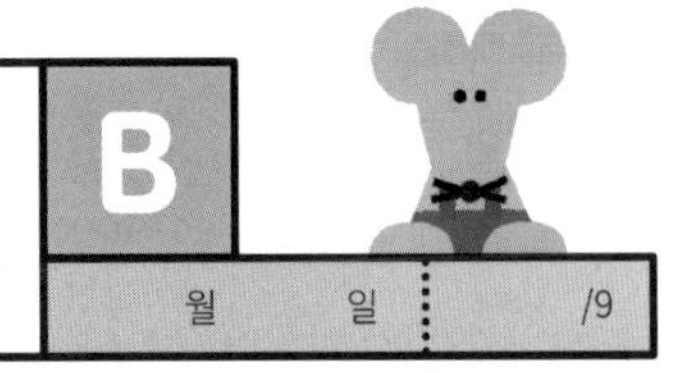

① $530 \div 6 = 88 \cdots 2$

		8	8
6)	5	3	0
	4	8	
		5	0
		4	8
			2

④ $223 \div 3 =$

⑦ $498 \div 8 =$

② $604 \div 7 =$

⑤ $187 \div 5 =$

⑧ $370 \div 4 =$

③ $255 \div 4 =$

⑥ $294 \div 6 =$

⑨ $693 \div 9 =$

(세 자리 수)÷(한 자리 수) ❷

A

월 일 /16

백의 자리를 나눌 수 없으므로 0을 쓰는 대신 비워 둬요.

① 7)640

```
     9 1
  ┌──────
7 ) 6 4 0
    6 3
  ──────
      1 0
        7
  ──────
        3
```

② 3)249

③ 5)188

④ 2)149

⑤ 9)666

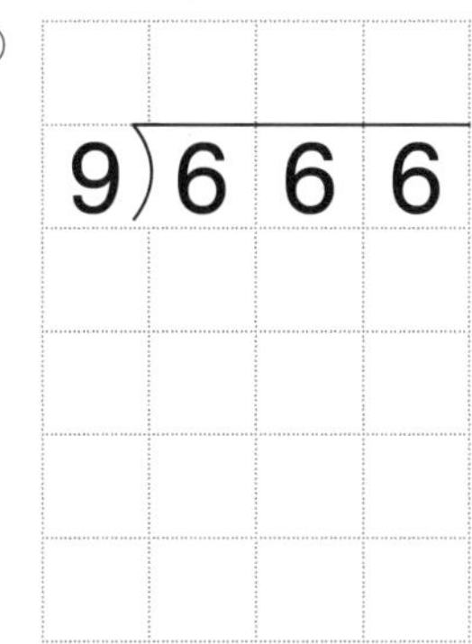

⑥ 5)290

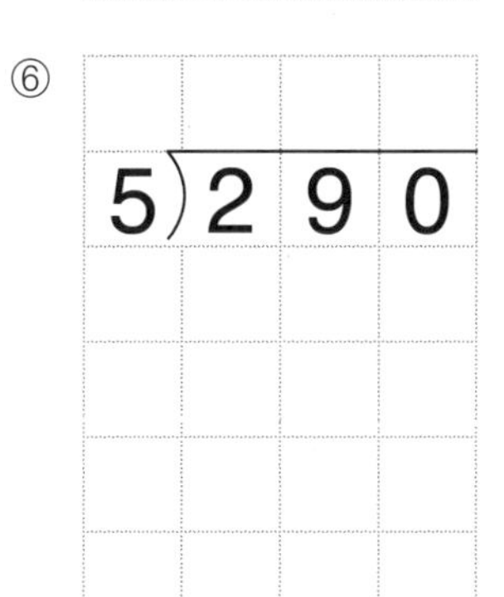

⑦ 4)394

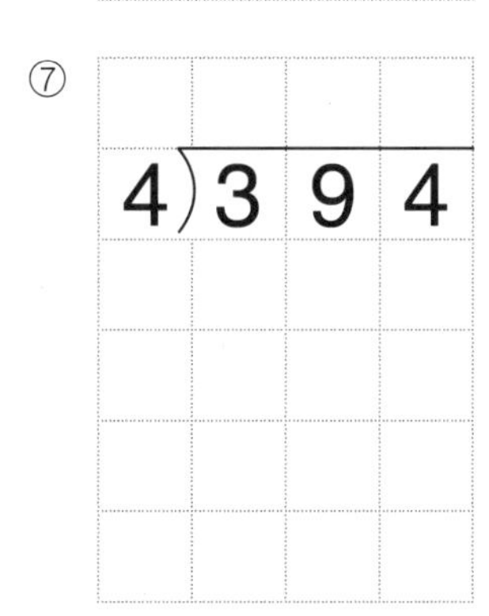

⑧ 9)400

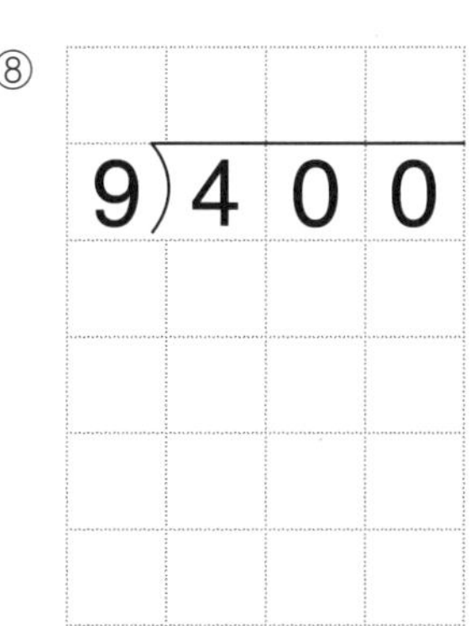

⑨ 8)304

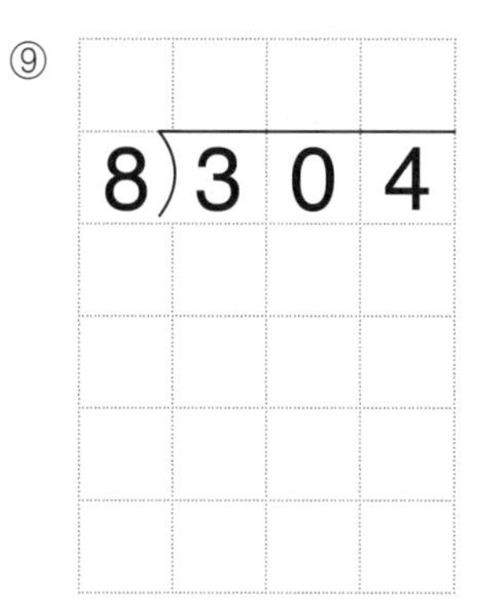

⑩ 9)261

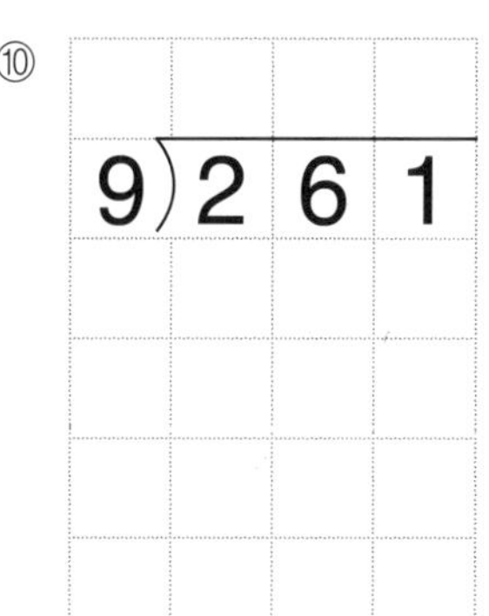

⑪ 2)187

⑫ 3)208

⑬ 2)130

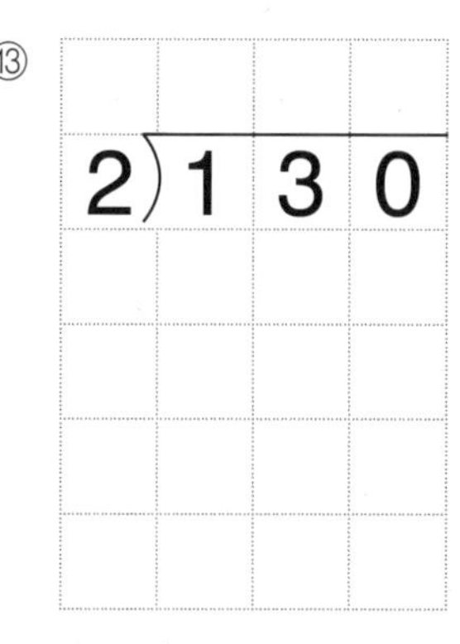

⑭ 4)312

⑮ 9)215

⑯ 7)537

59단계

(세 자리 수)÷(한 자리 수) ❷

① 496÷6=82…4

		8	2
6)	4	9	6
	4	8	
		1	6
		1	2
			4

② 675÷7=

③ 236÷6=

④ 700÷8=

⑤ 478÷5=

⑥ 296÷4=

⑦ 335÷5=

⑧ 740÷9=

⑨ 609÷7=

(세 자리 수)÷(한 자리 수) ❷

월 일 /16

백의 자리를 나눌 수 없으므로 0을 쓰는 대신 비워 둬요.

① 8)328 = 41

```
   41
8)328
  32
    8
    8
    0
```

② 7)175

③ 5)477

④ 4)275

⑤ 8)704

⑥ 9)324

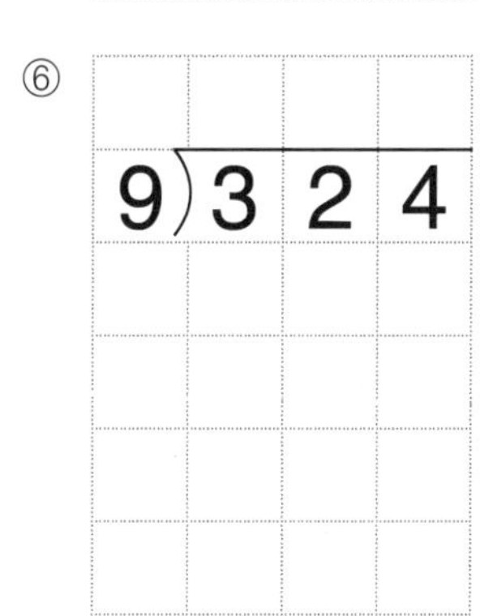

⑦ 9)177

⑧ 3)107

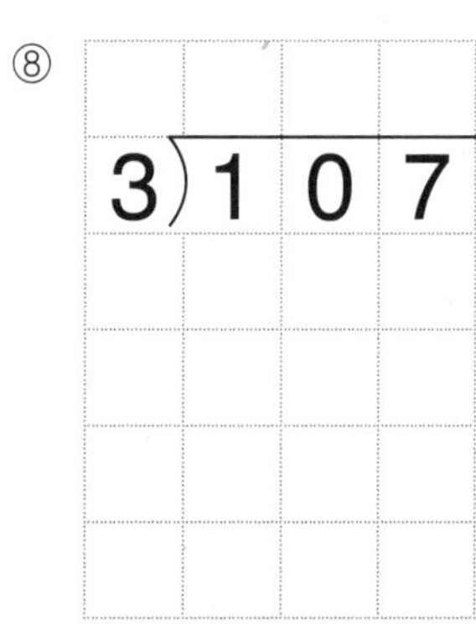

⑨ 5)120

⑩ 9)153

⑪ 2)161

⑫ 9)890

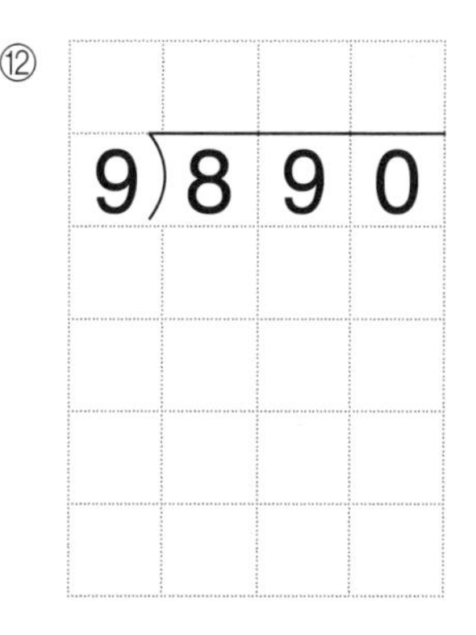

⑬ 2)116

⑭ 4)188

⑮ 8)429

⑯ 2)111

59단계

(세 자리 수)÷(한 자리 수) ❷

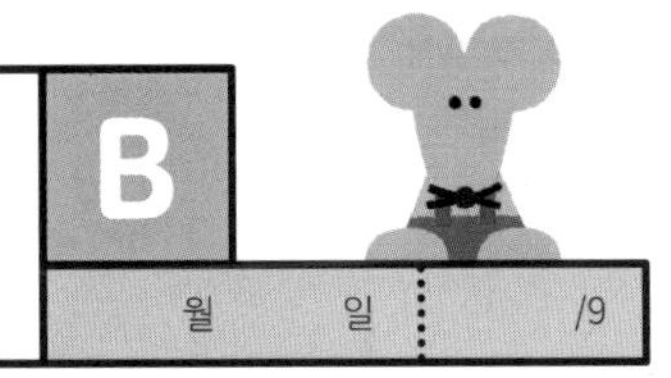

① $370 \div 8 = 46 \cdots 2$

		4	6
8)	3	7	0
	3	2	
		5	0
		4	8
			2

④ $239 \div 3 =$

⑦ $558 \div 6 =$

② $594 \div 6 =$

⑤ $656 \div 7 =$

⑧ $475 \div 5 =$

③ $342 \div 4 =$

⑥ $800 \div 9 =$

⑨ $748 \div 8 =$

3학년 방정식

나눗셈의 몫과 나머지를 구하는 것은 앞에서 충분히 연습했습니다.
그렇지만 □가 있는 나눗셈식에서 나머지가 있으면 □를 바로 구하기는 쉽지 않습니다. 이때 앞에서 배운 나눗셈의 계산이 맞는지 알아보는 검산식을 이용하면 쉽게 구할 수 있어요. 이러한 '검산식 전략' 훈련으로
[나누어지는 수 - 나누는 수 - 몫 - 나머지] 사이의 관계를 이해할 수 있습니다.

일차	학습내용		날짜
1일차	□가 있는 나눗셈식	□ ÷ 4 = 15에서 □ = ?	/
2일차	□가 있는 나눗셈식	75 ÷ □ = 5에서 □ = ?	/
3일차	□가 있는 나눗셈식	□ ÷ 6 = 5 ⋯ 3에서 □ = ?	/
4일차	□가 있는 나눗셈식	□ ÷ 3 = 27 ⋯ 2에서 □ = ?	/
5일차	□가 있는 나눗셈식의 활용		/

60 3학년 방정식

나머지가 없다면? 무당벌레 그리기!

왼쪽은 무당벌레 그림인데요. 아래 두 수를 곱하면 위의 수가 되고, 위의 수를 아래의 수 중 한 수로 나누면 남은 한 수가 되는 그림이죠.

2×4=8, 8÷2=4, 8÷4=2처럼요.
나누는 수 또는 나누어지는 수가 □인 나눗셈식을 무당벌레 그림으로 나타내어 보세요.
그러면 □를 구하는 데 필요한 식이 곱셈식인지, 나눗셈식인지 쉽게 알 수 있어요.

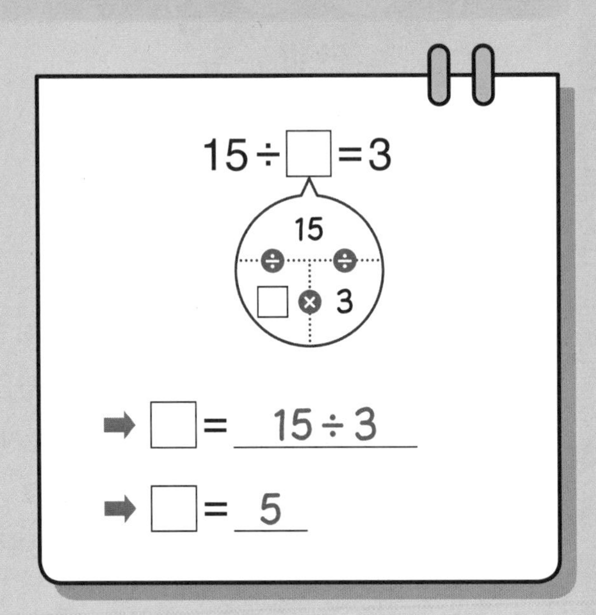

나머지가 있다면? 검산식 전략으로!

나눗셈을 한 다음 계산 결과가 맞는지 확인하는 과정이 필요합니다. 이때 사용하는 계산식을 검산식이라고 합니다. 즉, 나누는 수와 몫을 곱한 후 나머지를 더했을 때 나누어지는 수가 되는지 살펴보는 것이죠.

■÷●=▲ 검산 ●×▲ =■
■÷●=▲…★ 검산 ●×▲+★=■

이 검산식으로 나머지가 있는 나눗셈식에서 나누어지는 수를 구할 수 있습니다.

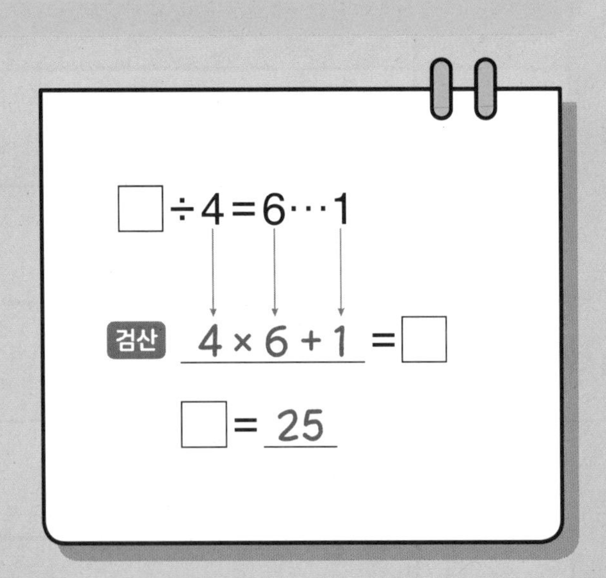

3학년 방정식

① $\square \div 4 = 15$ ➡ $\square =$ 4×15 (15×4) ➡ $\square =$ 60

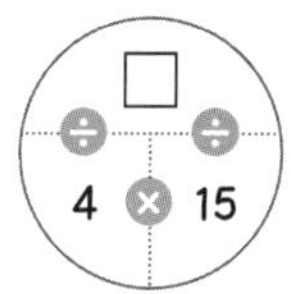

② $\square \div 2 = 40$ ➡ $\square =$ ______ ➡ $\square =$ ______

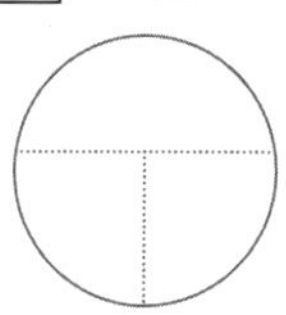

③ $\square \div 5 = 19$ ➡ $\square =$ ______ ➡ $\square =$ ______

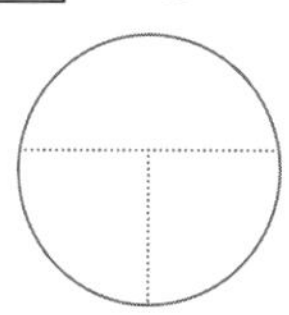

④ $\square \div 7 = 32$ ➡ $\square =$ ______ ➡ $\square =$ ______

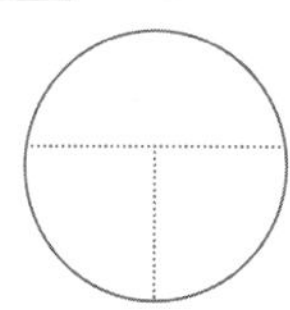

⑤ $\square \div 3 = 126$ ➡ $\square =$ ______ ➡ $\square =$ ______

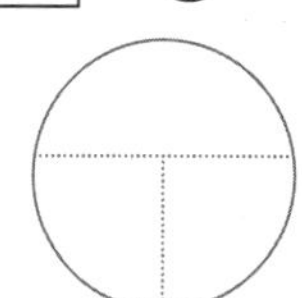

60단계 1 Day

3학년 방정식

B

월 일 /10

① $\square \div 9 = 11$ ($\square = 9 \times 11$)

➡ $\square =$ ______

② $\square \div 4 = 23$

➡ $\square =$ ______

③ $\square \div 2 = 42$

➡ $\square =$ ______

④ $\square \div 6 = 13$

➡ $\square =$ ______

⑤ $\square \div 5 = 17$

➡ $\square =$ ______

⑥ $\square \div 7 = 16$

➡ $\square =$ ______

⑦ $\square \div 9 = 91$

➡ $\square =$ ______

⑧ $\square \div 3 = 67$

➡ $\square =$ ______

⑨ $\square \div 8 = 122$

➡ $\square =$ ______

⑩ $\square \div 4 = 644$

➡ $\square =$ ______

3학년 방정식

① $75 \div \square = 5$ ➡ $\square =$ 75 ÷ 5 ➡ $\square =$ 15

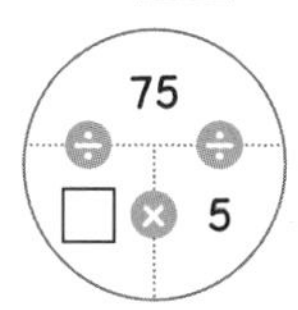

② $84 \div \square = 7$ ➡ $\square =$ ______ ➡ $\square =$ ______

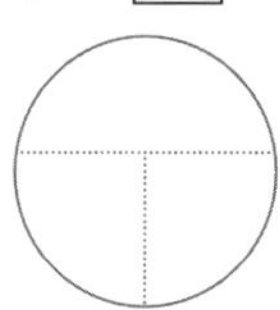

③ $63 \div \square = 3$ ➡ $\square =$ ______ ➡ $\square =$ ______

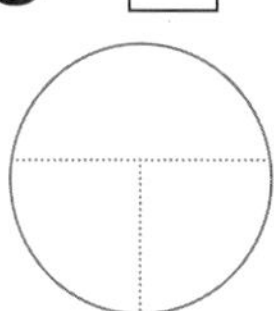

④ $152 \div \square = 8$ ➡ $\square =$ ______ ➡ $\square =$ ______

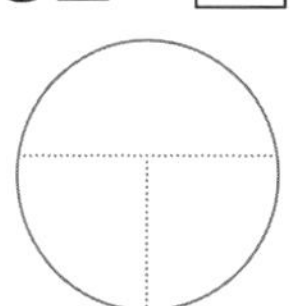

⑤ $378 \div \square = 6$ ➡ $\square =$ ______ ➡ $\square =$ ______

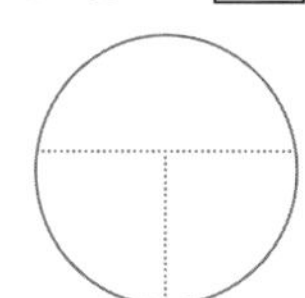

3학년 방정식

B

월 일 /10

① $96 \div \square = 4$ ($\square = 96 \div 4$)

➡ $\square =$ ______

② $85 \div \square = 5$

➡ $\square =$ ______

③ $78 \div \square = 3$

➡ $\square =$ ______

④ $88 \div \square = 8$

➡ $\square =$ ______

⑤ $102 \div \square = 6$

➡ $\square =$ ______

⑥ $203 \div \square = 7$

➡ $\square =$ ______

⑦ $110 \div \square = 2$

➡ $\square =$ ______

⑧ $558 \div \square = 9$

➡ $\square =$ ______

⑨ $895 \div \square = 5$

➡ $\square =$ ______

⑩ $636 \div \square = 3$

➡ $\square =$ ______

3학년 방정식

검산

① $\square \div 6 = 5 \cdots 3$ ➡ $6 \times 5 + 3$ (나누는 수) (몫) (나머지) $= \square$ (나누어지는 수) ➡ $\square =$ 33

② $\square \div 7 = 4 \cdots 2$ ➡ ______ $= \square$ ➡ $\square =$ ______

③ $\square \div 4 = 9 \cdots 1$ ➡ ______ $= \square$ ➡ $\square =$ ______

④ $\square \div 3 = 8$ ➡ ______ $= \square$ ➡ $\square =$ ______

⑤ $\square \div 5 = 2 \cdots 4$ ➡ ______ $= \square$ ➡ $\square =$ ______

⑥ $\square \div 9 = 7 \cdots 6$ ➡ ______ $= \square$ ➡ $\square =$ ______

60단계

3 Day

3학년 방정식

B

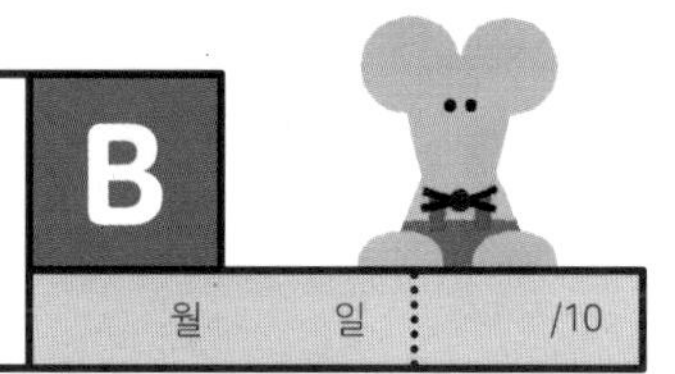

월 일 /10

① $\square \div 8 = 2 \cdots 4$ $\square = 8 \times 2 + 4$

➡ $\square =$ ______

② $\square \div 5 = 7$ $\square = 5 \times 7$

➡ $\square =$ ______

③ $\square \div 9 = 3 \cdots 2$

➡ $\square =$ ______

④ $\square \div 7 = 5 \cdots 6$

➡ $\square =$ ______

⑤ $\square \div 3 = 9 \cdots 1$

➡ $\square =$ ______

⑥ $\square \div 4 = 7 \cdots 3$

➡ $\square =$ ______

⑦ $\square \div 7 = 2 \cdots 5$

➡ $\square =$ ______

⑧ $\square \div 3 = 5$

➡ $\square =$ ______

⑨ $\square \div 9 = 8 \cdots 1$

➡ $\square =$ ______

⑩ $\square \div 5 = 6 \cdots 2$

➡ $\square =$ ______

3학년 방정식

A

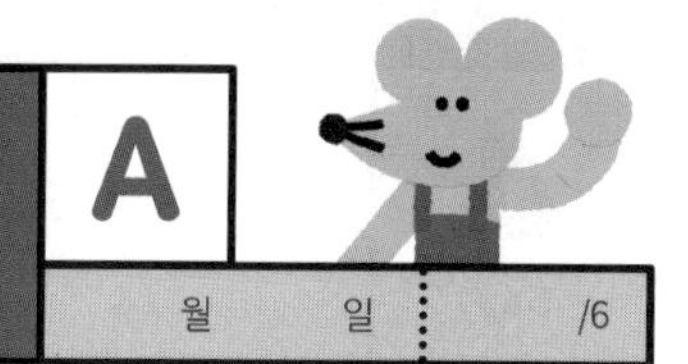

검산

① $\square \div 3 = 27 \cdots 2$ ➡ $3 \times 27 + 2$ = $\square$ ➡ $\square$ = 83

(나누는 수) (몫) (나머지) (나누어지는 수)

② $\square \div 2 = 34$ ➡ ______ = $\square$ ➡ $\square$ = ______

③ $\square \div 4 = 16 \cdots 1$ ➡ ______ = $\square$ ➡ $\square$ = ______

④ $\square \div 8 = 11 \cdots 4$ ➡ ______ = $\square$ ➡ $\square$ = ______

⑤ $\square \div 5 = 12 \cdots 3$ ➡ ______ = $\square$ ➡ $\square$ = ______

⑥ $\square \div 3 = 31 \cdots 2$ ➡ ______ = $\square$ ➡ $\square$ = ______

3학년 방정식

B

① $\square \div 3 = 23$ $\square = 3 \times 23$

➡ $\square =$ ______

② $\square \div 5 = 10 \cdots 4$ $\square = 5 \times 10 + 4$

➡ $\square =$ ______

③ $\square \div 6 = 11 \cdots 2$

➡ $\square =$ ______

④ $\square \div 8 = 10 \cdots 7$

➡ $\square =$ ______

⑤ $\square \div 4 = 21 \cdots 3$

➡ $\square =$ ______

⑥ $\square \div 8 = 12$

➡ $\square =$ ______

⑦ $\square \div 2 = 19 \cdots 1$

➡ $\square =$ ______

⑧ $\square \div 3 = 26 \cdots 2$

➡ $\square =$ ______

⑨ $\square \div 7 = 12 \cdots 4$

➡ $\square =$ ______

⑩ $\square \div 4 = 24 \cdots 1$

➡ $\square =$ ______

3학년 방정식

① $\square \div 7 = 9 \cdots 1$

➡ $\square$ = ______

② $\square \div 4 = 5 \cdots 3$

➡ $\square$ = ______

③ $\square \div 8 = 11 \cdots 7$

➡ $\square$ = ______

④ $\square \div 5 = 14 \cdots 4$

➡ $\square$ = ______

⑤ $\square \div 3 = 29 \cdots 2$

➡ $\square$ = ______

⑥ $\square \div 9 = 2 \cdots 8$

➡ $\square$ = ______

⑦ $\square \div 5 = 8 \cdots 4$

➡ $\square$ = ______

⑧ $\square \div 2 = 20 \cdots 1$

➡ $\square$ = ______

⑨ $\square \div 6 = 11 \cdots 3$

➡ $\square$ = ______

⑩ $\square \div 3 = 32 \cdots 2$

➡ $\square$ = ______

60단계

5 Day

3학년 방정식

① 어떤 수를 3으로 나누었더니 몫이 24, 나머지가 2가 되었어요.
어떤 수는 얼마일까요?

(어떤 수 → □, 3으로 나누었더니 → ÷3)

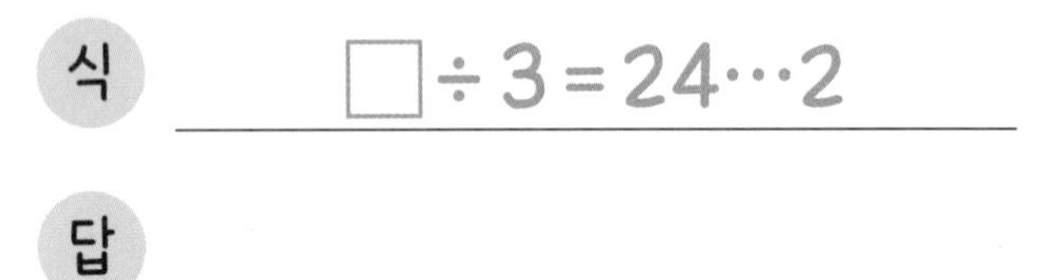

② 젤리를 매일 6개씩 먹었더니 6일 동안 먹고 4개가 남았어요.
처음 젤리는 몇 개였을까요?

(젤리 → □, 6개씩 먹었더니 → ÷6)

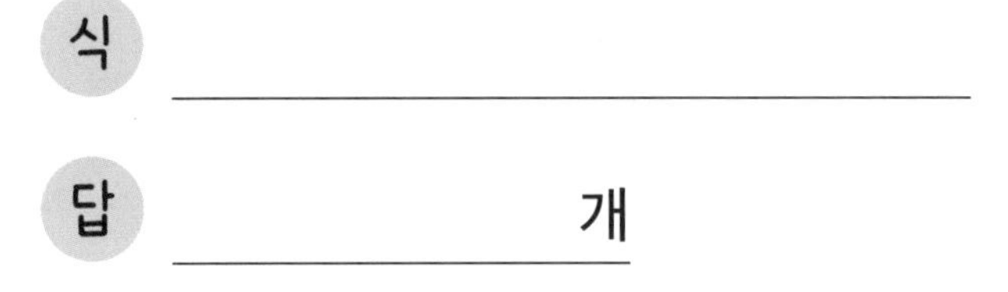

③ 빨랫줄 한 줄을 8 cm씩 잘랐더니 12도막이 되고 1 cm가 남았어요.
자르기 전의 빨랫줄은 몇 cm였을까요?

(빨랫줄 → □, 8 cm씩 잘랐더니 → ÷8)

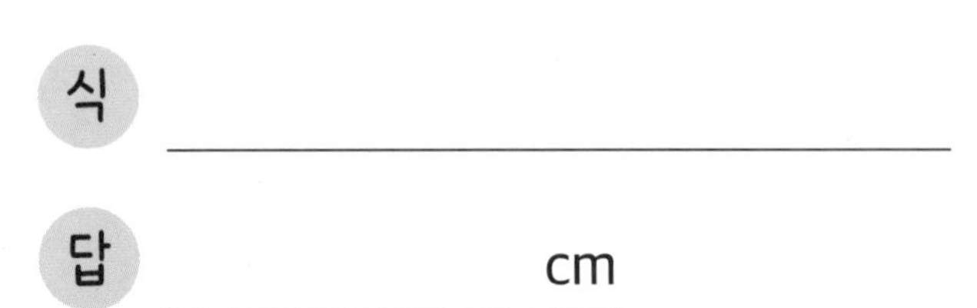

6권 끝!

7권으로 넘어갈까요?

앗!

본책의 정답과 풀이를 분실하셨나요?
길벗스쿨 홈페이지에 들어오시면 내려받으실 수 있습니다.
https://school.gilbut.co.kr/

기적의 계산법

정답

정답

6권

엄마표 학습 생활기록부

51 단계　　<학습기간> 월 일 ~ 월 일

계획 준수	① 매우 잘함	② 잘함	③ 보통	④ 노력 요함	종합의견
원리 이해	① 매우 잘함	② 잘함	③ 보통	④ 노력 요함	
시간 단축	① 매우 잘함	② 잘함	③ 보통	④ 노력 요함	
정확성	① 매우 잘함	② 잘함	③ 보통	④ 노력 요함	

52 단계　　<학습기간> 월 일 ~ 월 일

계획 준수	① 매우 잘함	② 잘함	③ 보통	④ 노력 요함	종합의견
원리 이해	① 매우 잘함	② 잘함	③ 보통	④ 노력 요함	
시간 단축	① 매우 잘함	② 잘함	③ 보통	④ 노력 요함	
정확성	① 매우 잘함	② 잘함	③ 보통	④ 노력 요함	

53 단계　　<학습기간> 월 일 ~ 월 일

계획 준수	① 매우 잘함	② 잘함	③ 보통	④ 노력 요함	종합의견
원리 이해	① 매우 잘함	② 잘함	③ 보통	④ 노력 요함	
시간 단축	① 매우 잘함	② 잘함	③ 보통	④ 노력 요함	
정확성	① 매우 잘함	② 잘함	③ 보통	④ 노력 요함	

54 단계　　<학습기간> 월 일 ~ 월 일

계획 준수	① 매우 잘함	② 잘함	③ 보통	④ 노력 요함	종합의견
원리 이해	① 매우 잘함	② 잘함	③ 보통	④ 노력 요함	
시간 단축	① 매우 잘함	② 잘함	③ 보통	④ 노력 요함	
정확성	① 매우 잘함	② 잘함	③ 보통	④ 노력 요함	

55 단계　　<학습기간> 월 일 ~ 월 일

계획 준수	① 매우 잘함	② 잘함	③ 보통	④ 노력 요함	종합의견
원리 이해	① 매우 잘함	② 잘함	③ 보통	④ 노력 요함	
시간 단축	① 매우 잘함	② 잘함	③ 보통	④ 노력 요함	
정확성	① 매우 잘함	② 잘함	③ 보통	④ 노력 요함	

엄마가 선생님이 되어 아이의 학업 성취도를 평가해 주세요.

56 단계

<학습기간> 월 일 ~ 월 일

					종합의견	
계획 준수	① 매우 잘함	② 잘함	③ 보통	④ 노력 요함		
원리 이해	① 매우 잘함	② 잘함	③ 보통	④ 노력 요함		
시간 단축	① 매우 잘함	② 잘함	③ 보통	④ 노력 요함		
정확성	① 매우 잘함	② 잘함	③ 보통	④ 노력 요함		

57 단계

<학습기간> 월 일 ~ 월 일

					종합의견	
계획 준수	① 매우 잘함	② 잘함	③ 보통	④ 노력 요함		
원리 이해	① 매우 잘함	② 잘함	③ 보통	④ 노력 요함		
시간 단축	① 매우 잘함	② 잘함	③ 보통	④ 노력 요함		
정확성	① 매우 잘함	② 잘함	③ 보통	④ 노력 요함		

58 단계

<학습기간> 월 일 ~ 월 일

					종합의견	
계획 준수	① 매우 잘함	② 잘함	③ 보통	④ 노력 요함		
원리 이해	① 매우 잘함	② 잘함	③ 보통	④ 노력 요함		
시간 단축	① 매우 잘함	② 잘함	③ 보통	④ 노력 요함		
정확성	① 매우 잘함	② 잘함	③ 보통	④ 노력 요함		

59 단계

<학습기간> 월 일 ~ 월 일

					종합의견	
계획 준수	① 매우 잘함	② 잘함	③ 보통	④ 노력 요함		
원리 이해	① 매우 잘함	② 잘함	③ 보통	④ 노력 요함		
시간 단축	① 매우 잘함	② 잘함	③ 보통	④ 노력 요함		
정확성	① 매우 잘함	② 잘함	③ 보통	④ 노력 요함		

60 단계

<학습기간> 월 일 ~ 월 일

					종합의견	
계획 준수	① 매우 잘함	② 잘함	③ 보통	④ 노력 요함		
원리 이해	① 매우 잘함	② 잘함	③ 보통	④ 노력 요함		
시간 단축	① 매우 잘함	② 잘함	③ 보통	④ 노력 요함		
정확성	① 매우 잘함	② 잘함	③ 보통	④ 노력 요함		

(몇십)×(몇십), (몇십몇)×(몇십)

(몇십)×(몇십), (몇십몇)×(몇십)은 곱의 위치를 바르게 쓰는 연습을 하는 중요한 학습입니다. 51단계에서 0을 떼고 계산한 곱을 어느 자리에 써야 하는지 확실히 익혀야 다음 단계에서 배우는 곱셈을 실수하지 않고 계산합니다.

1 Day

11쪽 Ⓐ

① 400 ② 200 ③ 4500 ④ 7200 ⑤ 2800 ⑥ 1500 ⑦ 4800 ⑧ 1600 ⑨ 2400 ⑩ 720 ⑪ 560 ⑫ 2250 ⑬ 1330 ⑭ 5360 ⑮ 5040 ⑯ 1520 ⑰ 1080 ⑱ 1620

12쪽 Ⓑ

① 600 ② 1000 ③ 2700 ④ 4200 ⑤ 1500 ⑥ 2000 ⑦ 2400 ⑧ 4900 ⑨ 1400 ⑩ 3600 ⑪ 540 ⑫ 760 ⑬ 2300 ⑭ 4760 ⑮ 1560 ⑯ 4150 ⑰ 5820 ⑱ 2760 ⑲ 1440 ⑳ 4240

2 Day

13쪽 Ⓐ

① 800 ② 3500 ③ 4200 ④ 4000 ⑤ 3000 ⑥ 1400 ⑦ 1800 ⑧ 2500 ⑨ 2100 ⑩ 1080 ⑪ 1980 ⑫ 2280 ⑬ 5180 ⑭ 3900 ⑮ 1760 ⑯ 3060 ⑰ 4560 ⑱ 3700

14쪽 Ⓑ

① 1500 ② 1600 ③ 3200 ④ 3600 ⑤ 8100 ⑥ 2800 ⑦ 6400 ⑧ 1800 ⑨ 2400 ⑩ 2100 ⑪ 1920 ⑫ 1720 ⑬ 1410 ⑭ 3350 ⑮ 2720 ⑯ 1610 ⑰ 3990 ⑱ 2310 ⑲ 2720 ⑳ 1680

3 Day

15쪽 A

① 300
② 2000
③ 1200
④ 1200
⑤ 5400
⑥ 5600
⑦ 700
⑧ 3600
⑨ 7200
⑩ 3600
⑪ 4200
⑫ 3480
⑬ 1440
⑭ 3850
⑮ 1170
⑯ 2080
⑰ 3640
⑱ 3720

16쪽 B

① 800
② 900
③ 400
④ 3000
⑤ 4500
⑥ 4200
⑦ 8100
⑧ 5600
⑨ 5400
⑩ 2800
⑪ 700
⑫ 1480
⑬ 3480
⑭ 3750
⑮ 1900
⑯ 2450
⑰ 4400
⑱ 1890
⑲ 8910
⑳ 1260

4 Day

17쪽 A

① 400
② 1500
③ 200
④ 2100
⑤ 4000
⑥ 600
⑦ 1400
⑧ 6400
⑨ 6300
⑩ 1440
⑪ 3440
⑫ 1440
⑬ 860
⑭ 4620
⑮ 1800
⑯ 2150
⑰ 5320
⑱ 3040

18쪽 B

① 2100
② 500
③ 1200
④ 900
⑤ 2400
⑥ 1000
⑦ 1800
⑧ 1600
⑨ 1600
⑩ 6300
⑪ 1040
⑫ 2660
⑬ 2080
⑭ 800
⑮ 3240
⑯ 1020
⑰ 4320
⑱ 4270
⑲ 2320
⑳ 1800

5 Day

19쪽 A

① 600
② 5600
③ 4500
④ 2800
⑤ 1200
⑥ 2400
⑦ 1400
⑧ 4800
⑨ 2700
⑩ 1350
⑪ 640
⑫ 1450
⑬ 660
⑭ 4060
⑮ 1840
⑯ 3120
⑰ 1950
⑱ 2640

20쪽 B

① 1800
② 3000
③ 2800
④ 3500
⑤ 7200
⑥ 2400
⑦ 5400
⑧ 2100
⑨ 1600
⑩ 4200
⑪ 2240
⑫ 2160
⑬ 3840
⑭ 1020
⑮ 4100
⑯ 480
⑰ 2600
⑱ 1850
⑲ 2880
⑳ 3010

(두 자리 수)×(두 자리 수) ❶

52 단계

(두 자리 수)×(두 자리 수)의 계산 과정에서 (두 자리 수)×(몇십)의 곱은 일의 자리를 비우고 쓸 수 있습니다. 이것을 아이들이 잘 이해하지 못하고 실수도 많이 합니다. 이럴 때는 일의 자리에 0을 쓴 후 계산하도록 지도해 주세요.

1 Day

23쪽 A

① 195 ② 364 ③ 2560 ④ 2250
⑤ 3705 ⑥ 2449 ⑦ 2028 ⑧ 5978
⑨ 4104 ⑩ 1404 ⑪ 2610 ⑫ 5451
⑬ 8928 ⑭ 6723 ⑮ 5922 ⑯ 4070

24쪽 B

① 132 ② 2150 ③ 3230
④ 1140 ⑤ 6716 ⑥ 7802
⑦ 1716 ⑧ 612 ⑨ 3304

2 Day

25쪽 A

① 184 ② 222 ③ 1680 ④ 900
⑤ 3864 ⑥ 3128 ⑦ 5929 ⑧ 3916
⑨ 1316 ⑩ 2150 ⑪ 7296 ⑫ 3174
⑬ 3293 ⑭ 2072 ⑮ 3471 ⑯ 1638

26쪽 B

① 182 ② 1080 ③ 2135
④ 2553 ⑤ 6308 ⑥ 7857
⑦ 7912 ⑧ 1764 ⑨ 2166

3 Day

27쪽 A

① 324 ② 364 ③ 2560 ④ 2250 ⑤ 2812 ⑥ 6935 ⑦ 2775 ⑧ 2040 ⑨ 4418 ⑩ 5904 ⑪ 6052 ⑫ 4361 ⑬ 2622 ⑭ 8930 ⑮ 7469 ⑯ 2088

28쪽 B

① 380 ② 1890 ③ 255 ④ 7812 ⑤ 6478 ⑥ 3381 ⑦ 5952 ⑧ 7098 ⑨ 2183

4 Day

29쪽 A

① 216 ② 301 ③ 3240 ④ 2960 ⑤ 3626 ⑥ 6862 ⑦ 3445 ⑧ 3026 ⑨ 2976 ⑩ 6873 ⑪ 7387 ⑫ 3055 ⑬ 2832 ⑭ 5828 ⑮ 8265 ⑯ 2223

30쪽 B

① 498 ② 2310 ③ 1425 ④ 7905 ⑤ 7031 ⑥ 3015 ⑦ 3948 ⑧ 7068 ⑨ 3078

5 Day

31쪽 A

① 147 ② 252 ③ 3900 ④ 2880 ⑤ 2550 ⑥ 6853 ⑦ 3819 ⑧ 3045 ⑨ 2816 ⑩ 7304 ⑪ 6806 ⑫ 3149 ⑬ 2538 ⑭ 2280 ⑮ 7268 ⑯ 5194

32쪽 B

① 288 ② 700 ③ 504 ④ 6438 ⑤ 7396 ⑥ 3087 ⑦ 5859 ⑧ 8075 ⑨ 5073

(두 자리 수)×(두 자리 수) ❷

52단계의 확장 학습입니다. 곱셈 과정에서 받아올림이 여러 번 있는 덧셈이 나오는 경우이므로 계산이 복잡합니다. 아이가 계산에서 실수하지 않게 자리를 맞추어 쓰도록 지도해 주세요.

1 Day

35쪽 A

① 2016 ② 2318 ③ 2052 ④ 6048 ⑤ 2015 ⑥ 3034 ⑦ 1188 ⑧ 6205 ⑨ 2024 ⑩ 8004 ⑪ 1032 ⑫ 5229 ⑬ 1014 ⑭ 3404 ⑮ 5022 ⑯ 9114

36쪽 B

① 4012 ② 2106 ③ 2304 ④ 4047 ⑤ 2013 ⑥ 8245 ⑦ 3627 ⑧ 2035 ⑨ 9025

2 Day

37쪽 A

① 2002 ② 5063 ③ 2100 ④ 3008 ⑤ 3007 ⑥ 5254 ⑦ 2244 ⑧ 6216 ⑨ 1104 ⑩ 8232 ⑪ 1232 ⑫ 6232 ⑬ 2028 ⑭ 4512 ⑮ 3135 ⑯ 9021

38쪽 B

① 2108 ② 2128 ③ 4032 ④ 6035 ⑤ 3003 ⑥ 7125 ⑦ 8051 ⑧ 4266 ⑨ 7138

3 Day

39쪽 A

① 1107 ② 5022 ③ 2156 ④ 5056 ⑤ 1116 ⑥ 8008 ⑦ 3168 ⑧ 2016 ⑨ 2112 ⑩ 8036 ⑪ 1144 ⑫ 6132 ⑬ 5044 ⑭ 7220 ⑮ 5115 ⑯ 7742

40쪽 B

① 4148 ② 2001 ③ 6016 ④ 3024 ⑤ 2030 ⑥ 7007 ⑦ 7134 ⑧ 2116 ⑨ 6630

4 Day

41쪽 A

① 2058 ② 5002 ③ 2001 ④ 6110 ⑤ 9009 ⑥ 6318 ⑦ 1008 ⑧ 6004 ⑨ 2208 ⑩ 3456 ⑪ 3128 ⑫ 7310 ⑬ 3021 ⑭ 5415 ⑮ 4200 ⑯ 7050

42쪽 B

① 6014 ② 2046 ③ 2046 ④ 6048 ⑤ 3024 ⑥ 5005 ⑦ 5022 ⑧ 4002 ⑨ 7743

5 Day

43쪽 A

① 5325 ② 8008 ③ 3072 ④ 5304 ⑤ 2058 ⑥ 3009 ⑦ 1036 ⑧ 6004 ⑨ 3318 ⑩ 2241 ⑪ 4032 ⑫ 2142 ⑬ 2117 ⑭ 6016 ⑮ 2112 ⑯ 5626

44쪽 B

① 4032 ② 2133 ③ 7029 ④ 4234 ⑤ 3219 ⑥ 4108 ⑦ 3332 ⑧ 2106 ⑨ 4263

(몇십)÷(몇), (몇백몇십)÷(몇)

54단계에서는 나누어지는 수가 두 자리 이상인 수의 나눗셈을 할 때 기본이 되는 자릿수의 개념을 익힙니다. 나누는 수가 같을 때 나누어지는 수를 10배, 100배…… 하면 몫도 10배, 100배……가 된다는 것을 이용하여 문제를 해결할 수 있도록 지도해 주세요.

1 Day

47쪽 A

① 20	⑪ 40	㉑ 70
② 10	⑫ 80	㉒ 40
③ 10	⑬ 30	㉓ 60
④ 20	⑭ 20	㉔ 80
⑤ 60	⑮ 10	㉕ 50
⑥ 20	⑯ 50	㉖ 20
⑦ 50	⑰ 60	㉗ 90
⑧ 40	⑱ 70	㉘ 90
⑨ 30	⑲ 40	㉙ 70
⑩ 30	⑳ 90	㉚ 70

48쪽 B

① 50	⑧ 60	⑮ 80	㉒ 50
② 30	⑨ 80	⑯ 50	㉓ 90
③ 60	⑩ 30	⑰ 10	㉔ 60
④ 90	⑪ 70	⑱ 30	㉕ 60
⑤ 70	⑫ 90	⑲ 40	㉖ 70
⑥ 20	⑬ 70	⑳ 20	㉗ 30
⑦ 70	⑭ 50	㉑ 80	㉘ 50

2 Day

49쪽 A

① 30	⑪ 10	㉑ 80
② 40	⑫ 30	㉒ 60
③ 80	⑬ 80	㉓ 50
④ 60	⑭ 90	㉔ 70
⑤ 20	⑮ 50	㉕ 50
⑥ 30	⑯ 80	㉖ 80
⑦ 40	⑰ 90	㉗ 20
⑧ 90	⑱ 60	㉘ 50
⑨ 60	⑲ 10	㉙ 70
⑩ 10	⑳ 40	㉚ 70

50쪽 B

① 10	⑧ 20	⑮ 90	㉒ 90
② 60	⑨ 30	⑯ 80	㉓ 40
③ 70	⑩ 20	⑰ 40	㉔ 20
④ 30	⑪ 70	⑱ 40	㉕ 30
⑤ 30	⑫ 50	⑲ 80	㉖ 50
⑥ 40	⑬ 90	⑳ 50	㉗ 60
⑦ 90	⑭ 40	㉑ 80	㉘ 50

3 Day

51쪽 A

① 60 ⑪ 70 ㉑ 40
② 40 ⑫ 10 ㉒ 50
③ 70 ⑬ 90 ㉓ 20
④ 50 ⑭ 50 ㉔ 40
⑤ 50 ⑮ 60 ㉕ 30
⑥ 90 ⑯ 60 ㉖ 50
⑦ 60 ⑰ 50 ㉗ 60
⑧ 80 ⑱ 80 ㉘ 30
⑨ 20 ⑲ 40 ㉙ 70
⑩ 40 ⑳ 30 ㉚ 20

52쪽 B

① 50 ⑧ 30 ⑮ 10 ㉒ 70
② 60 ⑨ 70 ⑯ 60 ㉓ 70
③ 10 ⑩ 70 ⑰ 80 ㉔ 90
④ 90 ⑪ 50 ⑱ 30 ㉕ 90
⑤ 50 ⑫ 40 ⑲ 60 ㉖ 80
⑥ 20 ⑬ 90 ⑳ 70 ㉗ 20
⑦ 30 ⑭ 20 ㉑ 80 ㉘ 40

4 Day

53쪽 A

① 70 ⑪ 90 ㉑ 50
② 20 ⑫ 60 ㉒ 80
③ 20 ⑬ 50 ㉓ 70
④ 60 ⑭ 80 ㉔ 70
⑤ 30 ⑮ 90 ㉕ 90
⑥ 70 ⑯ 70 ㉖ 30
⑦ 30 ⑰ 40 ㉗ 60
⑧ 50 ⑱ 80 ㉘ 40
⑨ 10 ⑲ 40 ㉙ 90
⑩ 50 ⑳ 60 ㉚ 80

54쪽 B

① 50 ⑧ 80 ⑮ 70 ㉒ 80
② 80 ⑨ 30 ⑯ 70 ㉓ 60
③ 20 ⑩ 70 ⑰ 90 ㉔ 50
④ 60 ⑪ 60 ⑱ 40 ㉕ 30
⑤ 50 ⑫ 80 ⑲ 70 ㉖ 50
⑥ 20 ⑬ 40 ⑳ 80 ㉗ 20
⑦ 90 ⑭ 90 ㉑ 30 ㉘ 40

5 Day

55쪽 A

① 60 ⑪ 70 ㉑ 90
② 60 ⑫ 20 ㉒ 20
③ 10 ⑬ 40 ㉓ 40
④ 10 ⑭ 90 ㉔ 50
⑤ 80 ⑮ 70 ㉕ 40
⑥ 20 ⑯ 90 ㉖ 70
⑦ 90 ⑰ 30 ㉗ 70
⑧ 80 ⑱ 50 ㉘ 80
⑨ 70 ⑲ 40 ㉙ 30
⑩ 60 ⑳ 10 ㉚ 50

56쪽 B

① 30 ⑧ 60 ⑮ 50 ㉒ 20
② 40 ⑨ 60 ⑯ 30 ㉓ 50
③ 40 ⑩ 10 ⑰ 80 ㉔ 40
④ 30 ⑪ 20 ⑱ 50 ㉕ 90
⑤ 50 ⑫ 90 ⑲ 80 ㉖ 20
⑥ 60 ⑬ 30 ⑳ 70 ㉗ 70
⑦ 70 ⑭ 70 ㉑ 90 ㉘ 60

(두 자리 수)÷(한 자리 수) ❶

55단계에서는 십의 자리에서 내림이 없는 (두 자리 수)÷(한 자리 수)의 계산을 연습합니다. 내림이 없기 때문에 가로셈으로 계산하는 것이 더 편리하지만 앞으로 배울 내림이 있는 나눗셈을 생각하여 세로셈으로 계산하는 연습을 합니다.

1 Day

59쪽 Ⓐ

① 24 ② 22 ③ 11 ④ 12 ⑤ 11 ⑥ 11 ⑦ 34 ⑧ 11 ⑨ 32 ⑩ 14 ⑪ 33 ⑫ 23 ⑬ 11 ⑭ 21 ⑮ 42 ⑯ 21

60쪽 Ⓑ

① 8…3 ② 3…3 ③ 4…5 ④ 9…1 ⑤ 2…1 ⑥ 7…8 ⑦ 6…2 ⑧ 8…2 ⑨ 5…4 ⑩ 4…5 ⑪ 7…6 ⑫ 7…3 ⑬ 1…2 ⑭ 6…3 ⑮ 5…6 ⑯ 2…5

2 Day

61쪽 Ⓐ

① 31 ② 24 ③ 11 ④ 32 ⑤ 12 ⑥ 23 ⑦ 12 ⑧ 11 ⑨ 33 ⑩ 11 ⑪ 13 ⑫ 43 ⑬ 11 ⑭ 21 ⑮ 11 ⑯ 22

62쪽 Ⓑ

① 3…1 ② 8…1 ③ 9…1 ④ 3…3 ⑤ 2…2 ⑥ 9…3 ⑦ 4…6 ⑧ 7…1 ⑨ 4…2 ⑩ 5…4 ⑪ 7…2 ⑫ 7…5 ⑬ 6…2 ⑭ 6…7 ⑮ 4…4 ⑯ 1…5

3 Day

63쪽 A

① 43	⑤ 22	⑨ 31	⑬ 11
② 11	⑥ 11	⑩ 31	⑭ 33
③ 23	⑦ 14	⑪ 11	⑮ 11
④ 24	⑧ 12	⑫ 42	⑯ 12

64쪽 B

① 4…7	⑤ 2…4	⑨ 9…1	⑬ 8…4
② 8…3	⑥ 7…2	⑩ 4…5	⑭ 9…2
③ 9…3	⑦ 6…3	⑪ 6…6	⑮ 8…1
④ 6…4	⑧ 3…1	⑫ 9…1	⑯ 1…8

4 Day

65쪽 A

① 11	⑤ 22	⑨ 44	⑬ 32
② 32	⑥ 11	⑩ 24	⑭ 22
③ 11	⑦ 11	⑪ 21	⑮ 13
④ 31	⑧ 33	⑫ 33	⑯ 11

66쪽 B

① 4…4	⑤ 5…2	⑨ 4…2	⑬ 5…2
② 6…8	⑥ 3…5	⑩ 3…7	⑭ 1…7
③ 6…3	⑦ 9…1	⑪ 7…2	⑮ 3…2
④ 9…1	⑧ 3…1	⑫ 3…3	⑯ 8…5

5 Day

67쪽 A

① 13	⑤ 11	⑨ 34	⑬ 11
② 21	⑥ 24	⑩ 11	⑭ 44
③ 11	⑦ 22	⑪ 41	⑮ 33
④ 11	⑧ 11	⑫ 43	⑯ 32

68쪽 B

① 5…5	⑤ 3…3	⑨ 7…4	⑬ 5…2
② 8…7	⑥ 9…8	⑩ 3…1	⑭ 6…5
③ 5…1	⑦ 7…1	⑪ 2…6	⑮ 2…4
④ 4…1	⑧ 4…2	⑫ 6…3	⑯ 3…6

(두 자리 수)÷(한 자리 수) ❷

56단계

56단계에서는 십의 자리에서 내림이 있고 나누어떨어지는 (두 자리 수)÷(한 자리 수)의 계산을 연습합니다. 내림이 있는 계산부터는 몫을 예측하는 과정이 중요합니다. 나누어지는 수에 나누는 수가 최대 몇 번 들어갈 수 있는지 곱셈으로 예측할 수 있습니다.

1 Day

71쪽 A

① 36 ② 16 ③ 14 ④ 26 ⑤ 14 ⑥ 14 ⑦ 12 ⑧ 14 ⑨ 23 ⑩ 17 ⑪ 18 ⑫ 13 ⑬ 26 ⑭ 12 ⑮ 27 ⑯ 13

72쪽 B

① 18 ② 15 ③ 19 ④ 16 ⑤ 13 ⑥ 49 ⑦ 28 ⑧ 24 ⑨ 38 ⑩ 17 ⑪ 29 ⑫ 12

2 Day

73쪽 A

① 16 ② 15 ③ 29 ④ 46 ⑤ 16 ⑥ 15 ⑦ 19 ⑧ 23 ⑨ 19 ⑩ 39 ⑪ 14 ⑫ 19 ⑬ 28 ⑭ 14 ⑮ 17 ⑯ 12

74쪽 B

① 45 ② 13 ③ 27 ④ 13 ⑤ 24 ⑥ 16 ⑦ 17 ⑧ 15 ⑨ 37 ⑩ 25 ⑪ 13 ⑫ 12

3 Day

75쪽 A

① 15 ⑤ 46 ⑨ 14 ⑬ 14
② 18 ⑥ 14 ⑩ 18 ⑭ 14
③ 25 ⑦ 18 ⑪ 26 ⑮ 16
④ 28 ⑧ 17 ⑫ 35 ⑯ 17

76쪽 B

① 15 ④ 15 ⑦ 18 ⑩ 28
② 29 ⑤ 39 ⑧ 47 ⑪ 15
③ 12 ⑥ 13 ⑨ 25 ⑫ 23

4 Day

77쪽 A

① 12 ⑤ 27 ⑨ 26 ⑬ 12
② 18 ⑥ 36 ⑩ 16 ⑭ 14
③ 19 ⑦ 49 ⑪ 16 ⑮ 19
④ 17 ⑧ 14 ⑫ 37 ⑯ 17

78쪽 B

① 35 ④ 26 ⑦ 28 ⑩ 24
② 16 ⑤ 29 ⑧ 25 ⑪ 14
③ 14 ⑥ 47 ⑨ 28 ⑫ 12

5 Day

79쪽 A

① 18 ⑤ 13 ⑨ 19 ⑬ 16
② 45 ⑥ 23 ⑩ 39 ⑭ 12
③ 16 ⑦ 17 ⑪ 13 ⑮ 19
④ 37 ⑧ 19 ⑫ 24 ⑯ 46

80쪽 B

① 25 ④ 27 ⑦ 15 ⑩ 12
② 17 ⑤ 27 ⑧ 16 ⑪ 14
③ 19 ⑥ 18 ⑨ 38 ⑫ 15

57 단계 (두 자리 수)÷(한 자리 수) ③

나누어지는 수에 나누는 수가 최대 몇 번 들어가는지 예측하는 과정을 반복하는 연습이 필요합니다. 이 과정은 앞으로 배우게 될 나눗셈에서 가장 기본이 되는 부분이므로 익숙해질 때까지 반복하여 학습합니다.

1 Day

83쪽 A

① 21…2 ⑤ 12…4 ⑨ 41…1 ⑬ 26…2
② 31…2 ⑥ 13…1 ⑩ 18…3 ⑭ 11…7
③ 11…1 ⑦ 24…1 ⑪ 14…1 ⑮ 11…4
④ 39…1 ⑧ 15…2 ⑫ 13…2 ⑯ 13…3

84쪽 B

① 20…1 ④ 13…5 ⑦ 11…4 ⑩ 12…2
② 11…1 ⑤ 13…3 ⑧ 14…5 ⑪ 11…5
③ 11…4 ⑥ 36…1 ⑨ 19…1 ⑫ 18…1

2 Day

85쪽 A

① 11…1 ⑤ 11…2 ⑨ 13…3 ⑬ 23…2
② 14…1 ⑥ 14…2 ⑩ 11…3 ⑭ 22…2
③ 17…1 ⑦ 47…1 ⑪ 12…3 ⑮ 11…4
④ 10…4 ⑧ 28…1 ⑫ 30…1 ⑯ 13…4

86쪽 B

① 12…3 ④ 17…3 ⑦ 12…2 ⑩ 23…3
② 21…1 ⑤ 21…1 ⑧ 10…5 ⑪ 13…1
③ 31…1 ⑥ 19…2 ⑨ 16…2 ⑫ 27…2

3 Day

87쪽 A

① 42…1 ⑤ 12…2 ⑨ 19…2 ⑬ 11…5
② 11…3 ⑥ 28…1 ⑩ 21…2 ⑭ 12…6
③ 11…1 ⑦ 13…4 ⑪ 35…1 ⑮ 16…1
④ 12…3 ⑧ 15…4 ⑫ 19…1 ⑯ 16…2

88쪽 B

① 40…1 ④ 46…1 ⑦ 11…2 ⑩ 12…1
② 10…4 ⑤ 13…2 ⑧ 17…2 ⑪ 11…5
③ 29…1 ⑥ 14…1 ⑨ 23…2 ⑫ 17…3

4 Day

89쪽 A

① 21…1 ⑤ 12…2 ⑨ 23…1 ⑬ 12…3
② 32…1 ⑥ 14…3 ⑩ 29…2 ⑭ 17…2
③ 22…1 ⑦ 19…1 ⑪ 11…3 ⑮ 13…2
④ 14…3 ⑧ 13…6 ⑫ 10…4 ⑯ 15…5

90쪽 B

① 12…1 ④ 16…1 ⑦ 10…2 ⑩ 22…3
② 13…1 ⑤ 12…4 ⑧ 10…7 ⑪ 13…5
③ 11…2 ⑥ 10…8 ⑨ 16…1 ⑫ 12…6

5 Day

91쪽 A

① 10…4 ⑤ 18…2 ⑨ 18…2 ⑬ 17…1
② 44…1 ⑥ 12…2 ⑩ 24…2 ⑭ 23…1
③ 22…2 ⑦ 11…5 ⑪ 12…3 ⑮ 11…2
④ 10…5 ⑧ 25…1 ⑫ 12…1 ⑯ 16…2

92쪽 B

① 22…1 ④ 14…4 ⑦ 31…1 ⑩ 13…2
② 32…1 ⑤ 14…2 ⑧ 24…1 ⑪ 23…2
③ 14…3 ⑥ 10…4 ⑨ 20…3 ⑫ 11…7

(세 자리 수)÷(한 자리 수) ❶

나눗셈은 높은 자리부터 계산합니다. 백의 자리부터 몫을 구하고 백의 자리를 계산하고 남은 수와 십의 자리 수를 더하여 십의 자리 몫을 구하며 이와 같은 방법으로 일의 자리 몫도 구합니다. 나눗셈의 계산 과정에서 나눌 수 없는 자리의 몫에 0을 쓰고 다음 자리 수를 내려서 몫을 구하는 것에 주의합니다.

1 Day

95쪽 Ⓐ

① 132	④ 216	⑦ 356	⑩ 166
② 413···1	⑤ 116···6	⑧ 178···2	⑪ 141···1
③ 162···2	⑥ 124···5	⑨ 129	⑫ 157

96쪽 Ⓑ

① 207	⑤ 120	⑨ 305···2	⑬ 105···1
② 120···7	⑥ 301···1	⑩ 103···2	⑭ 180···2
③ 100···3	⑦ 108···6	⑪ 105···7	⑮ 140···3
④ 110	⑧ 104···5	⑫ 102	⑯ 130···5

2 Day

97쪽 Ⓐ

① 427	④ 143	⑦ 116···4	⑩ 124
② 131···2	⑤ 161···2	⑧ 138···2	⑪ 246···1
③ 166···1	⑥ 494···1	⑨ 199···3	⑫ 136

98쪽 Ⓑ

① 120···4	⑤ 206···2	⑨ 109	⑬ 103
② 104···5	⑥ 108	⑩ 103···5	⑭ 106···6
③ 110	⑦ 106···2	⑪ 104···3	⑮ 203···2
④ 107···1	⑧ 109···1	⑫ 106···2	⑯ 208···2

3 Day

99쪽 A

① 273…1 ② 212 ③ 319 ④ 113 ⑤ 279…2 ⑥ 126…4 ⑦ 138 ⑧ 246…1 ⑨ 122…7 ⑩ 187 ⑪ 117…1 ⑫ 166…4

100쪽 B

① 108…6 ② 110 ③ 130…2 ④ 103…2 ⑤ 130…2 ⑥ 150 ⑦ 107…1 ⑧ 104…4 ⑨ 105…5 ⑩ 207…2 ⑪ 109…2 ⑫ 120 ⑬ 230…2 ⑭ 230…2 ⑮ 102…4 ⑯ 107…4

4 Day

101쪽 A

① 141 ② 281…2 ③ 117…4 ④ 164 ⑤ 415…1 ⑥ 199 ⑦ 182…2 ⑧ 118 ⑨ 152…1 ⑩ 161…1 ⑪ 135…5 ⑫ 244…1

102쪽 B

① 130…5 ② 105…7 ③ 160…2 ④ 160 ⑤ 107…2 ⑥ 105…5 ⑦ 108…4 ⑧ 110…7 ⑨ 108…2 ⑩ 203…2 ⑪ 106…5 ⑫ 120…4 ⑬ 206 ⑭ 130 ⑮ 106…2 ⑯ 140…3

5 Day

103쪽 A

① 173…2 ② 117…7 ③ 132…2 ④ 259 ⑤ 124…2 ⑥ 118…1 ⑦ 163 ⑧ 286…2 ⑨ 122 ⑩ 142…1 ⑪ 137 ⑫ 113…2

104쪽 B

① 306…2 ② 140…3 ③ 109…1 ④ 150…2 ⑤ 108…1 ⑥ 105…4 ⑦ 250…2 ⑧ 103…4 ⑨ 170…4 ⑩ 230 ⑪ 109…2 ⑫ 109…2 ⑬ 103…6 ⑭ 107…5 ⑮ 160…2 ⑯ 102…2

(세 자리 수)÷(한 자리 수) ❷

나누어지는 세 자리 수에서 백의 자리 수가 나누는 수보다 작으면 백의 자리 몫을 구할 수 없습니다. 이때 백의 자리 몫은 0이 되고 백의 자리 수와 십의 자리 수를 묶어서 십의 자리 몫을 구하는 과정을 익혀 둡니다. 앞으로 배울 나누는 수가 두 자리 수인 나눗셈의 기초가 됩니다.

1 Day

107쪽 A

① 32…2	⑤ 68	⑨ 16	⑬ 91
② 85	⑥ 27	⑩ 72	⑭ 53
③ 28…4	⑦ 41…2	⑪ 19…3	⑮ 75…3
④ 86…2	⑧ 65…2	⑫ 40…6	⑯ 77…1

108쪽 B

① 91…1	④ 66…3	⑦ 76
② 80…7	⑤ 83…5	⑧ 67…1
③ 81	⑥ 80…4	⑨ 86…3

2 Day

109쪽 A

① 43	⑤ 56	⑨ 54	⑬ 43
② 49	⑥ 25	⑩ 56	⑭ 17
③ 61…3	⑦ 48…5	⑪ 17…6	⑮ 52…1
④ 88…1	⑧ 38…1	⑫ 62…2	⑯ 17…4

110쪽 B

① 56…4	④ 63	⑦ 78…4
② 52	⑤ 65…5	⑧ 41
③ 40…3	⑥ 78…2	⑨ 63

3 Day

111쪽 A

① 19	⑤ 96	⑨ 23	⑬ 48
② 31	⑥ 52	⑩ 67	⑭ 15
③ 96…1	⑦ 26…3	⑪ 87…2	⑮ 84…4
④ 96…3	⑧ 32…2	⑫ 58…1	⑯ 56…5

112쪽 B

① 88…2	④ 74…1	⑦ 62…2
② 86…2	⑤ 37…2	⑧ 92…2
③ 63…3	⑥ 49	⑨ 77

4 Day

113쪽 A

① 91…3	⑤ 74	⑨ 38	⑬ 65
② 83	⑥ 58	⑩ 29	⑭ 78
③ 37…3	⑦ 98…2	⑪ 93…1	⑮ 23…8
④ 74…1	⑧ 44…4	⑫ 69…1	⑯ 76…5

114쪽 B

① 82…4	④ 87…4	⑦ 67
② 96…3	⑤ 95…3	⑧ 82…2
③ 39…2	⑥ 74	⑨ 87

5 Day

115쪽 A

① 41	⑤ 88	⑨ 24	⑬ 58
② 25	⑥ 36	⑩ 17	⑭ 47
③ 95…2	⑦ 19…6	⑪ 80…1	⑮ 53…5
④ 68…3	⑧ 35…2	⑫ 98…8	⑯ 55…1

116쪽 B

① 46…2	④ 79…2	⑦ 93
② 99	⑤ 93…5	⑧ 95
③ 85…2	⑥ 88…8	⑨ 93…4

3학년 방정식

나누어떨어지는 나눗셈식에서 나누어지는 수를 구할 때에는 곱셈과 나눗셈의 관계를 이용하고, 나머지가 있는 나눗셈식에서 나누어지는 수를 구할 때에는 검산식을 이용합니다. 나누어지는 수, 나누는 수, 몫, 나머지의 관계를 잘 알고 있는지 다시 한 번 살펴봐 주세요.

1 Day

119쪽 A

① 4×15 또는 15×4, 60
② 2×40 또는 40×2, 80
③ 5×19 또는 19×5, 95
④ 7×32 또는 32×7, 224
⑤ 3×126 또는 126×3, 378

120쪽 B

① 99
② 92
③ 84
④ 78
⑤ 85
⑥ 112
⑦ 819
⑧ 201
⑨ 976
⑩ 2576

2 Day

121쪽 A

① 75÷5, 15
② 84÷7, 12
③ 63÷3, 21
④ 152÷8, 19
⑤ 378÷6, 63

122쪽 B

① 24
② 17
③ 26
④ 11
⑤ 17
⑥ 29
⑦ 55
⑧ 62
⑨ 179
⑩ 212

3 Day

123쪽 A

① $6\times5+3$, 33
② $7\times4+2$, 30
③ $4\times9+1$, 37
④ 3×8, 24
⑤ $5\times2+4$, 14
⑥ $9\times7+6$, 69

124쪽 B

① 20
② 35
③ 29
④ 41
⑤ 28
⑥ 31
⑦ 19
⑧ 15
⑨ 73
⑩ 32

4 Day

125쪽 A

① $3\times27+2$, 83
② 2×34, 68
③ $4\times16+1$, 65
④ $8\times11+4$, 92
⑤ $5\times12+3$, 63
⑥ $3\times31+2$, 95

126쪽 B

① 69
② 54
③ 68
④ 87
⑤ 87
⑥ 96
⑦ 39
⑧ 80
⑨ 88
⑩ 97

5 Day

127쪽 A

① 64
② 23
③ 95
④ 74
⑤ 89
⑥ 26
⑦ 44
⑧ 41
⑨ 69
⑩ 98

128쪽 B

① 예 $\square\div3=24\cdots2$, 74
② 예 $\square\div6=6\cdots4$, 40
③ 예 $\square\div8=12\cdots1$, 97

수고하셨습니다.

다음 단계로 올라갈까요?

기적의 계산법